本书献给我的和天下所有的孩子们，

愿他们每天都有一顿免费的午餐。

图书在版编目(CIP)数据

道德的庄严之下，是对环境和事实的谨慎选择"❼。那么，位于"传统东方"的"我们"，又是否现代过？

这样的讲法对于学术共同体而言再熟悉不过。"他们"甚至都会猜到下一段马上就会说到"纯化"和"转译"等等核心概念，并用以展示所谓现代社会的基石无非是通过对主体与客体、自然与社会的纯化，以及科学家为非人的物代言，而政治学家为人代言的转译来完成的假象。接下来的步骤甚至呼之欲出了：食物作为一种天然的社会技术杂合体（sociotechnical imbroglios），就是理解"不曾现代过"的社会最佳的切入点。

于是，深谙不是"人杀人"也不是"枪杀人"，相反是扣动扳机的人才会被赋予了"枪手"身份❽的同行，会频频点头如小鸡啄米。不过要知道这个，仿佛就需要明白行动者网络理论（Actor-Network Theory）有四件事行不通：行动者、网络和理论这三个词，包括连字符❾。更不要说"转义"和"转译"有什么区别，"纯化"和"杂合"又是怎么回事……无疑，这样的写作方式需要不停地查阅、思考和储备。相反不具备这些能力的人，当然亦包括初学者，都会被拒之门外。

那么不妨尝试另外一种讲故事的方法：

我：医生，请问几点了？

医生：离你刚才问同样的问题还不到 15 分钟。

我：对不起……

医生：你也看到了，我们有很多事情需要处理，能不能请你也想想对你来说重要的事？这样时间也许会过得快一些。

……

是啊，对我来说，重要的事情又是什么呢？我之所以有资格想这个问题，是因为嗜铬细胞瘤这种原本凶险的疾病还没能要了我的命。明明在进手术室之前，我还在想着"如果有一天自己还能站在讲台上……"可偏偏"好好"地躺在ICU（重症监护室）里，却要烦人家去问"几点了"这种蠢问题！我，依然还活着的我，能够为这个世界带来一些什么呢？

这下并非同行的普通读者也能懂了，讲的是一个人，大概是位老师，得了一种有着奇怪名字的凶险疾病，终于在术后观察的ICU里决定反思人生。一切都好，只是不学术，不知道读了有什么用。

我们似乎已经喜欢通过一种简单的有用性法则来衡量一切事务。比如我所在的学校，很长一段时间的培养目标就是"听话，出活"⑩。我本科的所有课程训练，都旨在把我培养成一个"又红又专"的精英学生。直到后来弃工从文，甚至博士毕业当了老师都不曾改变。于是，当2014年我被查出嗜铬细胞瘤，还是不顾医生的威胁，硬是坚持把自己承担的课程上完才去手术。当时的想法是，身为一名教师，若能在讲台上结束自己的生命也是一种善终。现在，我也不曾为当时的决定后悔。只是当躺在ICU的病床上，决定思考此后余生将要怎样度过时，陡然发现我竟然从未深刻地认识和关心过自己：我是谁？我为什么会成长为今天这个样子？以"五年生存率"⑪为重要节点的未来将要怎样度过？

第一个问题就再简单不过了。正如我在本书第一章中所坦陈的那样："每次打开记忆的闸门，流出来的全都是吃的东西。"我，毫无疑问，就是一个喜爱食物的人（food person，吃货也是煮夫）。但要回答第二个问题，恐怕就没那么容易。趁着在哈佛访问的机会，我一边和中国的访问学人们切磋厨艺、探店冒险，一边结合自己的生命历程查阅书籍文献。又经过一年的筹备，查阅、思考和储备的结果终以本科通识课《舌尖上的社会学》的形式在2017年正式推出，算是变相做出了回答。尽管课程在第一年就拿到了"清华大学年度教学优秀奖"，连开三年也依旧火爆，但由于课程必须强调专题和理论导向，仍与认识和关心自己的初衷相去甚远。

　　无需否认，儿子的出世以及"五年"大关的邻近是一个契机，让我终于鼓起勇气回答第三个问题。我最希望的是包括小菘在内的读者，不需要经历病痛，就能够明白认识和关心自己的重要。"认识你自己"，并不如刻在德尔斐的阿波罗神庙的箴言所说的那样，劝人要有自知之明、敬神之心。相反，正是因为哥白尼革命以后人类开始习惯性地将舞台的中心让给科学、技术、工程和一切由它们所创生出来的人造物，我们才要深刻地认识我们自身。我们不仅仅是遗传信息所创造出来的僵尸血肉，而如泰勒所言：

　　自我只能是存在于道德问题空间中的某种东西……分解性的、个别的自我，其认同是由记忆构成的。像任何时代的人一样，他也只能在自我叙述中发现认同。⑫

将来的某一天，我的肉体总会灰飞烟灭，或早或晚。但是我的记忆，呼唤人们认识和关心自己的记忆，却可以通过文字等方式更长的时间流传。

但我深知自己各方面的声誉还远没有达到汪曾祺、梁实秋、蔡澜等大家的程度，一旦把这个文本写成自传哪怕是文学随笔的方式，同样必然会大大地限制可能读者的数量。所以还是要发挥我的长项——讲理论，保留一部分工具价值的可能性，但又不能过于刻板，甚至连完整的（必然包含了讨论和结论部分的）自我民族志❸也不行。

还好在不让人无聊这一点上，没有什么比食物更好的讲理论的方式。比如，社会学家吉登斯（Anthony Giddens）在《社会学》（第5版）教材里一开篇就这样写道：

社会学想象力首先要求我们的，就是"想象自己脱离了"日常生活中那些熟悉的惯例，以便从全新的角度看待它们。想一想喝杯咖啡这个简单的行为。❹

再比如人类学家科塔克（Conrad Phillip Kottak），也在《人类学：人类多样性的探索》（第14版）的扉页中，一上来就以这种方式和我们讲文化适应：

只有在文化上合适的时候，创新才能取得最大的成功……每当麦当劳或汉堡王扩张到一个新国家时，它都必须设计一个文化上合适的策略来适应新的环境。❺

你看，他们都深谙"味道比气味更善于社交"❻之道。只不过他们都戛然而止了，又谈回了社会学和人类学。说到这两者，即便是在中文世界讲社会学理论、人类学理论的优秀通识读本浩如烟海，比如威特的《社会学的邀请》、拉斯特的《人类学的邀请》、奥斯本的《视读社会学》、戴维斯的《视读人类学》；就连在饮食社会学／人类学这个相对狭窄的主题上，西敏司（Sidney W. Mintz）和彭兆荣等人都有着系统性的介绍。我实在想不出更好的理由，或者说更好的角度"重新发明轮子"❼。

于是我尝试了一种新的写作方法：先通过正文和尾注的方式，把文学和理论的部分截然分开；再让读者去选择将其收敛成通俗文本，或者学术文本。熟悉民族志写作思路的读者马上就会明白，正文只是集中呈现了以"我"为主要角色的背景和田野发现——我甚至会鼓励只期待看到通俗文本的读者跳过正文的直接引用（仿体字体）部分，脚注中的内容则提供了可用以阐发讨论并且做出结论的理论线索。所以至多，本书只能称作"半自我民族志"。不过熟悉量子力学理论的读者也会会心一笑，让读者去选择和收敛的方法正如"薛定谔的猫"所昭示的那样，通俗和学术文本的叠加态必然会坍缩成其中的一种状态❽。而熟悉科学技术学发展脉络的读者甚至会马上叫出来："嘿，这不就是拉图尔所说的广义对称性吗？！"

没错，我们不仅要摒弃主体与客体、自然与社会的二分，自我与他者、经验与理论之间的纯化工作也应该被统统抹掉。而且为了方便读者阅读，在全文的十个章节里，我们还集中呈现了一些被现代社会视为约定俗成的二分的概念：比如行动与结构（第一、二章），全球与地方（第三、四章），适应与变异（第五、六章），科学与风险（第七、八章），集体与个体（第九、十章），并试图通过以"我"为主角的叙事打破这些二分，从而展示社会中更多的平行的可能性。推荐的阅读顺序有两个：一个是现有的章节顺序阅读,这大概是一个从自我到自我的过程。西敏司讲"自由的意义……也包括食物",这也是"主我"(I)在面对食物时最原初的感受(第一章)。接下来的几章,则分别从文化秩序(第二章)、世界体系(第三章)、资本逻辑(第四章)、民族国家(第五章)、(逆)全球化(第六章)、健康主义(第七章)、风险社会(第八章)、记忆/想象(第九章)等多个维度讲不同的力量如何通过各种物质和非物质的空隙形塑"客我"(me)。最后,"主我"和"客我"又如何在个体化社会中实现创造性的和解,从而真正意义上完成西敏司所谓的"自由"(第十章)[19]。当然,读者还可以选择第二种从自我到非我的阅读顺序,这也是"舌尖上的社会学"课程教学的大致安排。首先还是从西敏司意义上的"自由"出发(第一章),讲文化秩序(第二章)、健康主义(第七章)、风险社会(第八章)、记忆/想象(第九章)、社会独存(第十章)如何一边丰富一边又限制了我们的选择。再去探究我们所在的世界,如何通过世界体系(第三章)、资本逻辑(第四章)、民族国家(第五章)和(逆)全球化(第六章),不仅改变了我们的食物和进食方式,甚至改变了我们自身,让自我成为他者。

不过我还是推荐第一种。毕竟与我而言,与自我和解的结局才是"初心",才是"圆满"。不过我完全相信读者会有自己的判断,甚至开发出适合自己的读法。这也正是我希望看到的——正如行动者网络理论一直强调:社会的本质在于一个不断生成的结网过程[20]。因此只有有了读者的选择、阅读和感悟,本书的两种文本才能形成一个完整的闭环。我从不否认以食物和进食方式为代表的物是重组社会的重要方式。但很遗憾,不同于扶霞(Fuchsia Dunlop)《鱼翅与花椒》,或是庄祖宜《厨房里的人类学家》一类人只能甘当配角的作品,本书的主角是人,而且只能是人。尽管不敢自诩以"魅力人类学"的杰出代表列维—斯特劳斯的《忧郁的热带》为圭臬[21],但从心底里我希望这是一部真正地写给"大家"的饮食社会学的作品——这里的"大家",代表着包括儿子小菘在内的所有可能成为读者的人。而本书写作的唯一目的,就是将社会学、人类学带到非专业学者的眼前,再抛砖引玉,激励更多的人能够受到"我"的感染和鼓励,勇敢地讲出原本压抑在心里的自己与食物和进食方式之间的故事。

需要坦陈,本书的写作方式还受到了行动者网络理论学派摩尔(Annemarie Mol)的影响。她在著作《照护的逻辑》[22]采用了类似的写法,只是通俗文本的部分源自她在荷兰的田野工作而非"半自我民族志"。诚然和很多专业的美食家相比,我的人生经历算不上丰富,甚至都谈不上有趣。但正如摩尔在书中所强调的那样,交换故事本身是一种道德行动[23]。本书致力于通过对"我"故事的讲述,在给与学术理论资源支持的前提下,唤起大家对自己的重新认识和关心——相信这也是一般的美食散文作品所无法企及的。为了实现上述目的,本书的每一章都由三个相对独立的故事组成。这样,即便是没时间一气呵成地读完一章,也可以利用碎片化的十分钟时间先读一个故事,再慢慢继续。另一方面,为了尽量少地在通俗文本中设置专业性门槛,毫无学术背景的妻子甘愿成为这部分内容的第一个读者。但凡她觉得读起来费劲的地方,我都会删掉重写,如此往复。

本书当然还有诸多不尽如人意的地方,不过我也无意于现在就祈求您的宽容。相对于谅解,我们更期待您的反馈,以便于我们做进一步的改进。不过请您相信，目前的版本已经是我们能够展现出的最大的诚意。全书的手绘插图由我课上的李楷同学完成。在她动笔之前，特意没有给她看书中的文字。借福柯（Michel Foucault）《这不是一只烟斗》之意，强调图文未必一一对应——而这本身就是一个反馈过程的最好示例。

对了，书中多次提及的人物也有必要交代一下：

我——"80后"属狗，吃货兼煮夫，园子里的青年教师。

大花——永远18岁（你懂的），我的妻子。

小菘——同样属狗，我的儿子。

这里还要特别感谢从来都不会嫌弃我的作品的大花和小菘。如果没有他们的宽容与支持，这个文档下面注定会是空无一字。还要感谢我的博士生李菲菲、陈晓旭，她们对全书的初稿也做了认真、细致的阅读，从专业角度给了我很多很好的意见和建议。最后，还要感谢人民文学出版社的编辑胡文骏先生，让这本小书所承载的所有理想变为现实。

2019 年 11 月于清华园

目录

^ ^ ^ ^
Time for
An adventu
for the soc
of food

puffer:

gy

第一章 人如其食

跟我说你吃什么，我就能跟你说你是谁。只要懂得破解，不仅生平和系谱，连整套人类学都能从食物里推导出来。

——美国美食作家坎南（Poppy Cannon）❶

在世界上的很多地方，我们都会听到同一个说法：人如其食（You are what you eat）❷。这话不假，毕竟食物是人类生理需求的一种最基本的形式。从生物医学统计的角度讲，大量摄入"垃圾食品"的人的确会比坚持"健康饮食"的人要更可能罹患肥胖。而肥胖，作为现代社会身材和健康管理失败的一个标志，时常会给超出正常❸体重的人无形的心理压力。仿佛走在路上，所有人都在暗地里指责："你瞧这个人，又没有好好地管住自己的嘴……"也难怪人们打招呼，最怕听到的问候就是："嘿，你最近又发福了呀？"❹很可惜，胖在今天已经不是福。于是好多人，包括我，都在怀念那个人们用"吃了吗，您呐？"以示关心的物资匮乏的年代。

我之所以如此在意胖瘦，是因为这个问题曾经困扰我许久。生在连麦当劳、肯德基都没有的十八线小县城，自小并未品尝过什么人间美味。于是，各种宴席就变成了改善家庭伙食的唯一途径。幸而当年高考发挥正常，考上了一个别人心目中都还不错的学校。老师、同学、亲戚、朋友，包括父母的这些个人际网络，都有心前来道贺沾沾喜气。结果就是那个喜欢吃席的小孩在整个高三暑假，身体像吹气球一样"发福"了起来。直到大学入学体检站在体重秤上，保健科的大夫用惊异的眼神看了读数许久，写下来一个数字——95，单位是公斤——才如梦方醒。

　　"长这么胖果然是自己活该"，看着如董浩叔叔一样的照片，我如此告诫自己。需要坦白，当时的压力主要还不是来自他人的眼光。相反，那所不错的学校有着一个耸人听闻的规定：四门课或累计十二学分不及格将被做退学处理，包括体育课。好不容易考上的，饭都吃了，肉也长了，若是因为胖的问题再被退掉，如何面对家乡父老？和很多超重的人一样，最初想到的办法并不是运动，而是节食。豆芽、芹菜叶……反正是什么素吃什么。难吃是一方面，难以对抗的是素食所带来的迅速的饱腹感和同样迅速的饥饿。坐在教室的角落，通常是远未到开饭时间，五脏庙里饥肠辘辘的抗议早已超过了麦克风里老师的嘟哝。"不行，光节食没用！"这才不情愿地下定决心，开始了每天早上的跑步。终于，不到一个学期，体重恢复到了胡吃海塞之前的水平。

为
什
么
吃
？

　　身为人师以后，总有大量机会把自己纠结的问题和同学一起分享，希望相互碰撞能够产生出一些火花。《舌尖上的社会学》这门课一开头，我总要先抛出一个问题："人为什么吃？"——这也是我经历过体重的峰值以后，时常问自己的问题。

　　"因为饿呗！"

　　这大概是最容易得到的答案。不过面对饥饿，人类还是能绞尽脑汁开发出层出不穷的应对措施。比如在大饥荒的年代，到了无物可吃的时候，吃土 ❺ 为生便成为一个选择。"观音土"的土质比较细腻，就拿回家做成面馍的形状，蒸熟了吃 ❻。观音土虽说可使胃内充盈而减轻饥饿感，但却会板结肠内，坚硬如石，使人腹胀腹痛，几至于死。另一种相对安全的方法，是将烤热的温石放入怀中以缓解空腹感 ❼。不过"怀石"并不是普通人就能轻易做到。相反，身体的修行需要大量的精神能量（比如禅宗佛教）的支撑。说到精神的层面，如果说吃仅仅是为了满足生理层面的需求，那么人类也许永远都不会发现或者说发明汤汁饮料 ❽。酒精、茶、咖啡、可可……这些日常生活中最常见不过的几乎不能为人类提供任何营养和能量的东西，却着实可以提神醒脑，让人心情放松。甚至人类历史上大量的仪轨（即礼法规矩）、社交、政治以及宗教的事件，都围绕着这些无用之物悄然展开。没错，并不是那些让人饱腹的固体食物，比如起源于九世纪的咖啡终于在 1644 年传到了法国，到了 1720 年，就有三百八十家咖啡馆在营业，引得法国著名社会评论家孟德斯鸠 ❾ 都不禁赞叹：

> 咖啡已成为巴黎的时尚。咖啡店的主人知道如何调制咖啡，让进店的客人喝了以后可以增长智慧。客人离店时，每个人都觉得脑筋好使了，比到店时至少好使了四倍。❿

孟德斯鸠先生一定是开玩笑的。毕竟咖啡因作为一种生物碱⓫，其本质就是一种神经麻醉剂。植物一般用生物碱来抵御昆虫、真菌和生长在其附近的包括其他植物在内的外来"入侵者"。只是由于人类过大只，那种小小的麻醉作用非但不会致命，反倒会刺激我们的神经系统，促进血液循环——如同酒精饮料一般。

这样说来，人肯定不是为了饿而吃的。否则 ICU（重症监护室）里通过鼻饲来摄入营养的病人将会是最幸福的人。动都不需要动一下，身体的每一个细胞都充满了能量。不得不承认，这种恐怖的想法也是来自小时候。每每生病了去吊水（即静脉注射），大夫总会和颜悦色地问我，是选盐水还是糖水。"糖水，我要糖水！"我也总是争抢着回答。最终的结果是否如我所愿已经不得而知，不过总是清晰地记得吊水的时候自己一点都不饿。除了扎针那一下有点疼，其他都蛮好。吊着吊着，心里竟然冒出了一个奇怪的念头：要是以后都不用吃饭，仅靠吊水就不饿该省下多少时间来玩呀……实际上自己也真这么干过。学完了初中生物，大概就明白了我们需要的实际上只是食物中的各种营养，比如能量，比如蛋白质。高中学习生活最紧张的时候，竟由于嫌弃学校的小食堂太脏、太挤，自作聪明地买夹心饼干来当晚饭吃。想着虽然没有什么蛋白质，好在能量高也没问题。结果，不久便开始胃痛。喝钡餐（即消化道造影）照了个 X 光，医生拿着结果严肃地说："孩子，再这么下去就胃穿孔了。"我这才吓住收手。再后来随着知识储备越来越多，才渐渐明白，鼻饲的病人其实一点都不幸福。是因为身体困住了灵魂，他们才动弹不得。至于鼻饲本身，只会让那个身体的牢笼变成各种细菌野蛮生长的绝佳培养基。然后活的细菌，反倒成为联结病人和家属之间的唯一的动的东西。

人活着肯定不只是为了吃，人吃也不只是为了活着。我几乎可以肯定了。

住的房子、厂区的地理方位都已经忘记，唯独印象深刻的是深夜里父母给自己开的小灶。昏黄的灯光中通红的电炉上，坐着一口乌突突的小铝锅，锅里熬着稠粥，热气不时从锅盖的缝隙中咕嘟咕嘟地钻出来，米香就那样肆意地弥漫在空气中……无论是单纯的白粥，还是拌上一点点鱼松、肉松，都无疑是最好的人间美味。看着我大口大口吃着大米粥的父母，笑着，嗫着嘴巴，嚼着属于他们自己的"二米饭"[16]，肯定也是这样想的。

上了小学，情况就好多了，当然也是指吃的方面。家门口的小卖店已经开始有各种零食售卖：一分钱一颗的汽水糖、鱼皮花生，以及稍微贵一点的"无花果"[17]和蜜桃精[18]。尤其是后者，小袋子里面有把小勺。每次打开袋子都像吃"幸运饼干"[19]一样，迫不及待地要知道里面是何种东西、哪样造型。最常见的是各式各样的兵器和以《西游记》为代表的神话故事中的人物，收集了来可以和小朋友们一起比较、交换，以及角色扮演。再贵一点的是大大泡泡糖、雪人雪糕……要说零食中的顶配，几乎就是牛肉干和烤鱼片了。当时家长一周就给一两毛的零花钱，要想吃到那种程度的美味肯定是要平时节制、再节制，攒够了才能出手的。当然也可以通过帮助家长做家务赚取额外的零花钱，身体力行地证明亲密关系和经济活动并不是两个敌对的世界[20]。抑或更为普遍地，三五小伙伴一起通过拾荒，也就是通常所说的"捡废品"来换钱[21]。

都说"少年不识愁滋味"，正当少年时，最直观的感受实际上是整个世界并不存在家长们杞人忧天般的现代世界的风险[22]。比如北方有储秋菜的习惯，被刷下来的白菜叶子竟成了小伙伴们打闹的玩具。当然最有意思的事儿并不是拿着白菜帮子像傻子一样的互相投掷（尽管我们经常那么做），翻过墙去拿这些废弃的食材来喂白得像唐老鸭一样的大鹅，听它们嘎嘎嘎的叫声才真正让我们开怀。当时并不感觉"曲项向天歌"的诗句有多么美好，当然也不晓得大鹅其实是攻击性极强的一种动物，最好不要去惹。不过一边投食一边傻笑，我坚信"无忧无虑乐淘淘"㉓说的就是那个状态。

这种小事父母听了见了也不会太担心㉔。相比之下，他们最在意的是"拍花"㉕。大人们说，被"拍花"以后就再也见不到爸爸妈妈了，因此打死也不能吃"外人"㉖给的东西。被讲多了还是有点怕的，于是就有点小心，就连对门的吴爷爷好心叫到家里吃饭都礼貌回绝，说爸爸妈妈早已有所准备。实际上并不总是这样。受"社会主义建设"热情的鼓舞，在我还在托儿所的时候父母就有过忙于工作"双双叕叕"忘记来接我的"黑历史"。还好善心的门卫爷爷看我可怜，在火炉上烤地瓜和馒头片给我吃，才不觉得等待的黑夜有多么漫长。上小学的时候，他们就更加"变本加厉"了。两个人甚至会同时出差，留我一个人。妈妈的姐姐，也就是我的大姨和我们住在同一个城市，不过她家太远，不好总是喊她来给我做饭㉗。10岁的年纪，就开始学做饭，学自己照顾自己。

小学的《自然》课告诉我们，电和火都是极其恐怖的东西。比如一次在大人的指导下，学开煤气罐。首先是逆时针方向旋开总气阀，然后划火柴，同时打开灶台上的小气阀并将火柴靠近，点火工作就完成了。大人是这么说的，可做起来一点都不容易。一来划火柴和开小气阀是典型的多线程工作，对于一个小朋友来说太难了——毕竟全部工作需要在火柴熄灭之前完成，否则被火烧到手的滋味可不好受。更不要说即便成功点火，那"砰"的一声响也让人害怕。于是决定，与其分头作战，不如各个击破。那个时候的电饭锅，都流行有一个蒸层。就是从这个蒸层开始，懵懵懂懂开始了我的饮食文化过程[28]。最简单的显然是蒸水蛋。鸡蛋，人类最容易得到的廉价蛋白质，只要加了水蒸就能变成果冻[29]一般的Q弹而又营养美味。但对小朋友而言，再简单的事情都会因为不熟悉而变得复杂。首先是淘米和筛沙。那个年代的米虽说也叫精米，但大小砂砾还是不少，不想过早地让自己的牙齿见"牙仙"[30]，就得认真地将米淘洗干净。没有量杯，水和米的比例只能用手指的指节来控制。而蒸水蛋的部分，则要小心打好鸡蛋，按照大人们的指示放好葱花、花椒等作料，打散鸡蛋，再一边加热水一边将蛋液和水搅匀，最后加少许的植物油作液封……就可以打开电饭锅的开关了。长大后才明白，更好吃的做法实在是太多了，比如不加花椒味道就不会那么奇怪，植物油的液封也可以用保鲜膜等现代产品替代。不过那个时候，还是像做实验一样严格按照从父辈传承的菜谱，按部就班地做好。失败是在所难免的，比如水蛋分离，或是表面被气孔拱成了蜂窝状等等……总会反思自己是不是哪一步做错了。显然，父母大人的指示是不会错的，我那样坚信着。

蒸层父母也常用。主要是有了它，做饭就快了许多。比如新摘的茄子和土豆也可以拿来和米饭一起蒸，只要配上一点炸好的鸡蛋酱稍微拌一拌，也可以是上等珍馐。唯一不需要考虑时间成本的时候是过年。放假了，好不容易没有了工作的纷扰，总要做上一点复杂的菜来烘托节日的气氛。制约菜品丰富程度的还并不是厨艺或是食材,反倒是信息。当时大部分中国人都还囿于经济条件的限制,未曾养成外出就餐的习惯。按照阎云翔的说法 [31]:

> 由于用于大众消费的饭店极少,在过去外出就餐对于北京的普通百姓来说是一件困难而冒险的事情……大多数北京居民很少外出就餐,他们通常在家或单位食堂吃饭。

即便到了二十世纪八十年代中后期,外出就餐已经成为北京等主要城市的流行娱乐方式之一,在我们那里能"下馆子"依然是少数社会群体的"特权"。由于文笔出众,父亲被调动到政府机关工作。对于一颗"革命事业的螺丝钉"而言,去什么地方发光发热并不是他所关心的。不过的确是由于工作关系,"客饭"多了一些,在饮食上的见识也就多了一些。偶尔尝过或是听人说起某道菜,父亲就凭借自己的想象尝试回来还原。是不是地道并不得而知,一家人在一起期待着新菜品能够登上年夜饭的餐桌总是一件美好的事情。当时的"硬菜"无一例外的和糖有关,和西敏司(Sidney W. Mintz)[32] 所预料到的一样:

> 在过去的几个世纪内,糖的世界产量在世界市场的主要食品的产量中呈现出最为显著的上升曲线,而且它还一直在稳定地上升……精炼糖……渗透在一种又一种的烹调方式里,带来的是"西方化""现代化"或是"开化",很早以来人们便以这样的方式看待它……蔗糖,这个"资本主义的宠儿"……缩影了一种社会

向另一种社会的转型。

糖的食用量甚至可以成为世界主要国家发展水平的一个度量——不过每顿都吃很少的日本可能除外——反正我们家是这样的。印象深刻的"硬菜"是拔丝地瓜、挂浆白果和锅包肉。三道菜的做法都差不多，属于典型的炸后上浆系列做法。只不过前两道用的是素食：地瓜和鸡蛋煎饼，后一道用的是纯瘦的里脊肉。肉在那个年代对于我们家来说属于奢侈品。当然并不是说一点都不买，买一些，切几片放在菜边，称作"菜边肉"。不过"菜边肉"并不会轻易吃，下次做菜的时候也放一点，用父母的话讲叫"借个味儿"。我小时候特别不待见"菜边肉"，主要是因为里面有肥肉。肥肉咬在嘴里，有一股奇怪的味道，还嚼不烂、咽不下，真是讨厌极了。唯一能接受的是油渣，不过炸过油渣的油又满是猪肉味儿，免不了又放回到菜里，就连油渣一起讨厌。因此需要用到里脊肉的锅包肉，铁定是过年才能吃上的。包括里脊肉的淀粉也要提前用水发过，调汁也是一件麻烦事。不过我却特别喜欢，毕竟我是这道菜最重要的品鉴者之一，糖、醋、酱油和盐究竟要怎么一个比例调和起来，在爸爸忙活的时候，我也自己琢磨、试验起来。好在父亲特别鼓励我琢磨。比如一次他在外面喝到一种叫做可口可乐的碳酸饮料，就尝试用他所掌握的化学知识，拿着家里的食醋和小苏打尝试和我一起调配。只记得味道有点冲，但还是很开心的——毕竟那个味道、颜色和锅包肉的酱汁很像很像。

可惜上了大学，这样一起试验民间美食的机会就少了。每次寒假回家，父母也是以学习太忙、太累为由，把我隔在厨房之外。再后来，自己有了可以居住和练厨的小窝，年夜饭的掌勺也变成了我。好吃肯定是好吃了，但总觉得缺了一点什么。

何为社会？

村上龙说："我们年纪越大，就越害怕感伤。因为，无可挽回的时间越来越多了……空白编织出故事，故事孕育了感伤。"[33] 他说得对。当我伤感的时候，总会不经意间给自己做一个番茄炒蛋——这是蒸水蛋的进阶版，是我离开蒸层以后学会做的第一道菜；或是包一顿韭菜猪肉的饺子——犹如跨年的时候和父母一起包的一样。但是拔丝地瓜、挂浆白果和锅包肉这"老三样"却是绝不会一个人做的，因为那样只会越发凸显自己对于无可挽回的时间的无力。

时间。没错，就是时间！我们的确不需要通过向死而生来获得"独特的存在之可能性"——正如我们不需要真的住到 ICU 里通过鼻饲喂食才能理解吃不只是为了活着一样。"在死面前的一种持续的逃遁"又如何？做一个"沉沦着的存在"又如何？[34] 因为我，只是一个普通人啊。作为一个普通人，我只是想借助食物，来实现人和人之间情感、情绪的沟通。再怎么样，烹饪时，我们还是在和时间持续地作战——哪怕这个时间持续到最后总是通向死亡[35]。正如泰勒（Charles Taylor）所言[36]：

> 一个人不能基于他自身而成为自我。只有在与某些对话者的关系中，我才是自我……自我只存在于我所称的"对话网络"中。

食物（或者说烹饪）就是我同在我有限的生命中所遇到的人之间，

进行对话的高级语言。而这种高级语言，对于我而言，构成了所谓的自我叙事，也就是独一无二的文化自我部分的最基本单元——犹如DNA对于生物自我而言一样。

食物。没错，就是让人花费、奉献生命中的一部分时间却又不能留下任何痕迹的食物[37]！这个曾经被西方文明史所忽略的东西。作为现代科学和民主的起源，古希腊将吃饭看作是一件非常私人的事情。通常是由女人和奴隶，这些不被包含为社会一部分的人来帮助男人准备一天的餐食。吃饱喝足以后，男人们就离开家屋和其他男人一起到广场上探讨城邦关心的公共事务[38]，也许是社会学——如果那个年代存在这个名词的话。时至今日，奴隶已经作为一种过去的制度在世界范围内消失。女人，如同被社会主义公育制度所解放的女人一样，堂堂正正地成了这个社会的一部分。若我们以一个发展的眼光来看待这个社会，食物难道不能成为社会当中的一员吗？

"可食物并不是人。"有人也许会这样说。在古希腊的城邦中，奴隶不是人，女人也不是——可后来他们都是了。相比之下，所谓的现代世界的任何角落，都存在着一群无法叙说自己故事，无法被持续听见的人，被这个社会消失。比如在巴西，尽管官方认为自1996年巴西将艾滋病治疗纳入免费的公共医疗系统之后，接受治疗的艾滋病患者的存活时间大幅延长。但事实上，真正受艾滋病毒所困扰的贫困人群却由于缺乏食物篮、巴士券等最基本的生活保障，而"从来没有回来，或者说，很少回来"，到那个本可以延续他们生命的社会组织。于是在现代公共卫生体系里，这些活生生的人却在生物医学统计的意义上消失为非人——除非死亡才能让他们重回公共视野。而且即便如此，人们也很少将他们的死和艾滋病毒建立起关联 [39] ——可他们本可以是。既然可见性是理解生成的社会问题的关键，我们又何必死守着人／非人（non-human）这个构成性的界限呢？

一旦承认了社会的可变性和复杂性，社会也不再是那个特殊的实体——外在于个体，在时空上无限超越个体，并能对个体产生强制性力量。社会，只是我们身边的不断发生、变化和消亡中的联结 [40]。从这个意义上讲，非但是"一个社会的烹饪是一门语言，它无意识地体现了社会结构" [41]。食物本身，作为人与人、人与非人之间的联结，就构成了社会本身。所谓人如其食，是说人也是在这样的不断的联结当中被建构出来——正如我为什么吃的故事所展现得那样。

于是在食物所联结的社会学里，每个人都有着只属于自己的那个社会学。要得到那个社会学的精髓，我们需要做的也仅仅是跟随食物，跟随这种联结，去体会使这个社会呈现出如此面貌的背后的力量——而无需借助专业的社会学术语和概念，就像普通的自由人那样。对，就是自由。正如西敏司所说 [42]：

> 自由的意义也包括能依自己的意愿迁居、结婚、选择工作。此外，还有依自己的意愿选择朋友、衣着——当然啦，还有食物。

"原来，舌尖上的社会学，就是我的社会学呀！"读到这，你一定很惊讶吧。不过，"你的社会学"——对，不是社会学家的俯视一切的那个社会学——又有什么不可以呢？毕竟，选择这个包含着你自己的社会学终究是你的自由。

一代又一代的孩子在被抚养长大的过程中发现，他们习惯吃的食物中，有些食物是被鼓励多吃的，而有些是被要求少吃的。

——美国人类学家米德（Margaret Mead） ❶

　　西敏司说："凡是敌不过人类的东西，人类大概都吃，就连敌得过的毒蛇猛兽，也还是有人吃。"❷ 她说得对，选择食物的确是人的自由。不过，有人吃并不代表所有人都要吃。"食物的选用与刻意断食，都是许多文化用来表达某些强烈情感的方式"❸。比如我小时候吃不惯动物油，植物油炸的各种东西几乎就成了我补充脂肪的唯一有效来源。正如吃不起肉，家里总会变换花样做鸡蛋一样。除了"老三样"，炸得比较多的还有茄盒，就是将茄子作皮、猪肉作馅，再用淀粉和蛋液包裹以后入锅炸得外焦里嫩就好。茄子真的是一种好东西，能同时汲取植物油里脂肪的醇厚和肉馅里蛋白质带来的鲜味。光是茄子本身，就极具层次感。料想着茄鲞 [xiǎng] ❹ 这道菜若能真的还原出来，也会好吃吧 ❺。不过父母似乎绝不会准我尝试的，"倒得十来只鸡来配他"显然已经远超过了我们家的经济能力。但也无需和我解释那么多，父母只说："植物油里有好多苯 [běn]，不能吃太多油炸的东西，否则会变笨 [bèn]的。"苯是什么东西并不知道，但变笨了总是不好的吧——当时就是那样认为的。于是，便不多想了。

　　长大了我才渐渐明白，父母只是找个法子来哄我。植物油虽然是本地土产，没什么品牌，却也要凭票证供应。即便是后来买起来方便了，即便是不用那彼时依然昂贵的里脊肉，准备炸物总要费时、费力、费火。加之他们就只会炸那"老三样"——像民国时期就流行得不得了的炸西瓜就远超过了他们的厨艺水平❻——不过，说"不能炸"总比说"不会炸"在情感上和道理上更加可以接受。虽说现在自己会炸的玩意儿比父母当年还是多了不少，可比起早乙女哲哉这样的"天妇罗之神"能炸得外"煎"内"蒸"，连被薄薄的"衣"所包裹着的盛着海胆的紫苏叶都可以像自然生长一般肆意舒展……显然还差得远。

也许小菘问起来我为什么不像大神一样给他做炸紫苏叶，我也估计会搬出本《中药大辞典》信誓旦旦地告诉他："小朋友气虚，要慎服。"❼若是不信，自可以和老子比比力气，谁虚谁知道。

鱼子\耳屎　　小时候其实父母最担心的并不是我特别想吃什么又不给吃，毕竟在东北，"你看我长得像不像××（一般指代食物的名称，比如'棉花糖'）"和"我看你长得像××"两句问话就几乎能让小朋友丧失所有食欲。相反和大多数父母一样，可能会直接引起低素质❽的厌食和挑食才是他们最关心的。一个办法是给看《大力水手》❾这种引进的动画片，不过一来貌似只对多吃菠菜有着少许的效果，二来也要和看电视所造成的视力损失之间做出平衡。于是家乡的民间故事总要被搬出来讲一番大道理：

古时候，人们爱惜粮食，谁要泼米撒面就受罚。传说，天上的雷公就专管这事儿。有一回，一个姑娘把一碗倭瓜瓢子倒进沿

样，谁也没把这事当真——而且谁也不会真的那样做的。

一天，情况突然发生了变化。放心，并不是我被哪个憎恨"别人家的孩子"的小朋友毒哑了，而是在考上市里最好初中的那天，父亲终于决定换掉我的红棕色老永久，给我买了一辆当时极为拉风的蓝色前田山地。正巧边上有人卖毛蛋❶，爸爸一本正经地说"来一个吧，你长大了"。结果就真的来了一个。烤毛蛋的师傅手法还可以，起码里面的大肠杆菌、沙门氏菌等多种病菌并没有让我恶心、呕吐或者腹泻。不过那味道，嗯，真是不敢恭维。"说吃了会不识数，原来是在保护我呀……"当时就是这么想的。

猪啊牛啊

细想来中国人还真没什么太多"不能吃"的饮食禁忌。母亲有一个亲戚，和家里走动很多，每年过年都要亲自送来一大包豆包，还戴着一顶白色的小帽子。每次来都会腼腆地说："一点心意，自己做的，一点大油都没掺。"大油就是猪油，前文说过是我极讨厌的味道。不过惊异于为什么没掺猪油都要拿出来说事，就攀着亲戚问。亲戚说："月饼的酥皮、绿豆糕……好些个东西里都放，只是咱们不知道罢了。"

"我天，太过分了吧！"

转念一想，那些我爱吃的甜食并没有猪油那令人作呕的味道，再加上他们都是工厂里的机器生产出来的，自然不是乡下的亲戚所说的那样放猪油进去❶。于是就照吃不误。后来才知道，小白帽标示着他的民族和宗教信仰，信奉伊斯兰教的人们吃清真食品。

基督教的《利未记》^⑲也禁止人们吃猪肉：

> 凡可憎物，都不可吃。可吃的牲畜，就是牛……凡分蹄成为
> 两瓣，又倒嚼的走兽，你们都可以吃。但那些倒嚼或是分蹄之中
> 不可吃的……猪，因为是分蹄却不倒嚼，就于你们不洁净。这些
> 兽的肉你们不可吃，死的也不可摸。^⑳

道格拉斯（Mary Douglas）解释道，"污秽就是位置不当的东西
（matter out of place）"，而并不需要有严格的卫生学基础。污秽从本质
上讲，就"是事物系统排序和分类的副产品，因为排序的过程就是抛
弃不当要素的过程"^㉑。她大概是对的，因为猪真的是一种好东西：
在其一生时间中，能够将它的饲料中 35% 的能量转化为肉，是牛的
能量转化效率的 5 倍还要多。而且猪特别爱干净，特别是喜欢凉爽的、
干净的水坑；吃根、坚果和谷物——只有在没有别的更好的食物可吃
的情况下它们才吃粪便。不过如果要是这种可爱的东西在没有树林但
又人口密集的地区和人类争食情况就不同了。要是我，或者说换做谁
都一样，都要毫不客气地对猪说："嘿，那些食物是我的，我的！"
不过猪肉又好吃又营养，那可怎么办？难不成遇到每个想养猪想吃猪
肉的人都要苦口婆心地劝诫："您看，咱们这多日照又干热，猪还得
从人嘴里抢食，多得不偿失啊！"是不是好麻烦？要是我，或者说换
做谁都一样，就把它写在宗教教义里。有人问起就拿给他看，说："你
看，这是神的旨意。"^㉒

　　和中国的大多数汉族人一样，我并不讨厌猪^㉓。"棒打狍子瓢舀

鱼"的大东北同时养活猪和人也完全不成问题，因此也没产生出什么不能吃猪肉的饮食禁忌。于我而言，不能接受的只是眼睁睁地见人往我的菜里放猪油。猪肉还是不错的，如同鸡肉般软烂，尤其是那嫩到流汁的可以做成锅包肉的小里脊……相比之下，不好吃的是咬起来硬邦邦的牛。想到这个甚至会琢磨为什么中国人不像印度人一样，以文化的理由就把牛肉也禁掉。有一次在与小伙伴交换午餐时尝到了午餐肉㉔的味道，就央求爸爸去买。去了离家里最近的国营四商店，真的有。结果售货员没好气地问，"猪还是牛？"爸爸也不知道，于是问我。心里一阵发蒙，想着当时怎么就忘记问同学这个问题。看着"牛"和"午"两个字很像，就小声挤出来两个字"牛吧"。回到家，迫不及待地用盒子上自带的小钥匙把午餐肉拧开。嗅着那被香料浸泡加工过的浓厚肉香味，然后再把粉红色的肉块整体倾倒出来，看着上面果冻状的胶质不断抖动，仿佛吵嚷着"快吃我，快吃我！"

"糟糕，不是那个味儿……"

午餐肉并不便宜，而且即便是没打开，我笃定那个凶凶的阿姨也不会再给换成猪肉的。于是一家人就一起，仍然开开心心地，把这不好吃却偏偏能吃的东西消化掉了。结果，那也便成了我唯一一次吃牛肉的午餐肉。所谓吃一堑长一智，就是这个道理。

后来还是想明白，对于饮食这种东西，还是百无禁忌的好。否则，要是为了排除不好吃的牛肉㉕，结果把很多好吃的东西也禁掉了，该多不好啊㉖。

不过除了不能浪费粮食，我们还是被教会了很多辨别能吃、不能吃的方法。尽管我们并不像中世纪的厨师一样，认为黑色和忧郁有关[27]。也许那个时候还不流行"五色入五脏"的说法，也许父母认为我小孩子家家并不需要固精强肾[28]，结果就是黑色的食物，除了冻秋梨[29]，在我们家是很少被触碰的东西。当康师傅方便面正式进入我们那儿的时候，两个料包所调出来的黑黑的汤让大人们并不太敢于触碰。倒是小朋友们不管这些，特别是那些零花钱充裕的就跑到小卖铺里让店家用小锅给煮着吃。我们这等除了华丰并没吃过其他方便面的，就只能眼巴巴看着吧嗒嘴。待自己考试成绩好了，或者哪天病了，就找父母讨买来一袋尝尝……渐渐地，黑色也就解禁了。

所谓文化就这样一点一点被习得，又一点一点被破除，成就了今天的我们。每每想到这个，就觉得自己很幸福。遥想《红楼梦》里的宝玉想吃个茶，都容不得老婆子来帮忙。若是年轻圣洁的女孩儿，即便是最底层的侍女小红从后院过来"僭越"倒是可以。贾母将妙玉奉的茶转手赐给了刘姥姥，这乡下人还嫌茶味道淡。气得妙玉将自己极珍贵的杯子都要搁在外头，不许道婆收进来[30]……如此复杂的禁忌系统，我要是真穿越[31]了去，恐得一回都活不成。难怪说，过去就是他国呢[32]。不过说到他国、他者，也正是这些和"他"有关的东西和我们不断相遇，才帮助我们认识了所谓文化以及我们自身：十几年前第一次到英国访学的时候，受邀去了教授家BBQ（烤肉）。教授亲自"下厨"，从庭院里拾来干树枝，架起烤炉，把英式香肠烤得外焦里嫩，咬一口肉汁都要爆出来……可全过程，从拾树枝开始，到把香肠递给我，教授都是用手。对，并没有戴手套，中间也没有洗过！看教授的两个小孩也吃得乐此不疲，自己也就装作没事人儿一样，心里嘀咕着："这难

道不脏吗？"但嘴上还是要发出啧啧的赞叹声："Delicious,Delicious（太好吃了）！" ㉝

相生相克

真正好吃的东西不能吃，才是人间悲剧。和很多小朋友一样，父母明令禁止的东西就是糖，理由是糖是蛀牙的罪魁祸首㉞。至今家里还保留着一张照片，我六岁的时候对着一面镜子指，结果被抓拍下来……露着一口几乎全部龋掉的乳牙。

在那个年代，过年买糖还是一个极为普遍的生活习惯。大白兔、大虾酥都是我们这些小朋友的最爱，相比之下糖包里用来凑数的杂牌子的水果糖总是无人问津。不过这种过年买的糖却主要是请到家里来拜年的客人吃的，有客人在，自己堂而皇之地去拿一块父母总不好说什么。最讨厌的是那些自以为很了解我们想吃什么，又装作自来熟的大人，随便抓起来一块就说："来，小朋友也吃一块。"几乎无一例外的，随便抓起来的总是水果糖等廉价糖。过年的糖里面的好糖不出正月基本就吃完了，不好的倒是可以被留下来很久。饥不择食的时候，吃上一块，聊胜于无。待水果糖也吃完了，就只能用自己的零花钱买糖。一分钱一颗的汽水糖在味道上和水果糖差不多，只不过摆在小卖部的罐子里，放在琳琅满目的货架上，特别是在有其他小朋友豪气购买的时候，总能勾起自己压抑已久的吃糖的食欲。想来也奇怪，用自己的钱就极少在小卖部里买大白兔和大虾酥。因为既然破戒㉟，还不如买更劲爆一点但价格也差不多的酒心糖。顾名思义，酒心糖，就是以曲酒做馅心而制成的糖。大多数酒心糖外面会包裹一层薄薄的巧克力，因此也经常被我们叫做酒心巧克力。不过糖也好，巧克力也罢，对于小朋友而言，更关键的是里面的酒。酒是大人们过年才喝的东西，尤其是白酒。家里来的亲戚朋友多，总会买上一瓶上好的白酒招待大家。也会有那种爱挑事儿的大人，总要用筷子在杯子里蘸酒，让我舔一舔，专等我辣得吐舌头，瞪大眼睛说"好辣，好辣！"后来看了《西游记》的电视剧才明白，石猴在市井中学人吃面条还要放辣椒，就是如此光景㊱。敢情无聊的大人们是把我们当猴耍。

不过也有我们耍他们的时候。小时候流行的好几种糖都是大人们碰也不敢碰的。一种是"大舌头"，其实就是一种加了很多色素和香料的软糖，做成了舌头的形状。常见的"大舌头"是有红、绿、黄、紫四种鲜亮的颜色，只要含化就会变软，像是舌头长长了一截，耷拉在嘴外面，像极了《聊斋》里的厉鬼或是《新白娘子传奇》里黑白无常的角色。小孩们百无禁忌，咬着"大舌头"相互玩闹，嘴里还发出《聊斋》里鬼怪出现时的背景音乐——当然，也抽冷子跑到大人跟前。不过要是真吓到了大人，自己还不争气地笑了，恐怕是要挨揍的。但是总不妨礼貌地问他们："爸爸妈妈，要吃'大舌头'吗？"父母的头总是摇得像拨浪鼓一样，连声说"不吃，不吃，你吃，你吃"。你看，压根忘记了我不能吃糖的禁忌不是。另一种是跳跳糖。跳跳糖的本质和父亲给我 DIY 的碳酸饮料差不多，就是用坚硬的糖衣包裹住了二氧化碳。待二氧化碳在嘴里汽化，糖就像被施了魔法一样跳个不停，发出噼噼啪啪的响声。光跳还不打紧，糖里面的色素还是会帮我们染一条像是中毒一样的舌头，红的、绿的、蓝的、紫的……大人们也是不吃的，也不太禁止我们吃。也许在他们心里，这只是我们用来瞎胡闹的玩具。

华琛（James L. Watson）在香港的麦当劳餐厅里也发现了类似的情况 [37]。带娃的老人们虽然常陪孙辈光顾，却决然不吃麦当劳。在他们看来，那是"小孩子吃的玩意儿"。不过香港的小孩却也可以如我们吃"大舌头"、跳跳糖一般实现权力的反转：

> 中小学生们对洋快餐和外国餐饮的熟悉程度远超老一代，他们知道在不同的餐厅该点什么、怎么吃。他们时常和同学分享这些专门的知识：哪家连锁店的比萨最好？什么是意大利饺子（ravioli）？怎么吃羊角面包？在香港的中小学，饮食，尤其是快餐食品是热门话题。而且，孙辈们时常扮演了老师的角色，教祖父母们怎么吃新奇的食物。如果没有孩子们的反哺，老一辈们会把汉堡扒开来吃，且只吃他们喜欢的部分。

可惜县里没有麦当劳，否则我们还能再神气一点，扮演个老师的角色。不过也多亏父母心大——要知道我们从小可是背《三字经》长大的："窦燕山，有义方，教五子，名俱扬。" [38] 名都扬了，连个名字都不配有——"父为子纲"是不容挑战的；否则若像阎云翔笔下的老李一样看不得"爷爷变孙子""妇女上了天"，还不得喝农药自杀 [39]？

随着父母的年龄越来越大，他们也开始关注起了微信养生的各种桥段。只要是带有"搭配不当分分钟出人命"的字样，再配上闪闪发光的动图，配上像"大舌头"一样鲜亮的字体，他们总会乐此不疲地发给我和大花，提醒我们注意。当然里面有"头孢就酒，说走就走"这样的真智慧，也有"葱和蜂蜜不能同食"一类的伪科学。大多数的时候看也就看了，或者干脆谎称看了。不过遇到各种不顺，有时也会直接用微信怼回去：

"中国营养学的奠基人，中国生物化学的开拓者之一，世界最长寿教授和世界最高龄作家郑集早在1936年就发表文章批判相生相克说是伪科学了。"❹

"郑集哪个学校毕业的？"

"中央大学的，怎么了？"

"又不是清华北大，干吗信他。"

真的被他们无厘头的应答搞得没脾气，懒得解释，也只能作罢。也许人年纪大了就是这样，变成了容易被声、光、电所吸引的孩子，却又保留着对子女牵肠挂肚的一颗心。分隔两方，甚至连亲手给我们做一顿饭的机会都没有，即便做了恐怕也要遭到百般嫌弃。于是就只能纸上谈吃，希望我们在他们的提点下照顾好自己，也希望自己不要太没用❶。大姨、大姨夫的年龄更大一些，也更早进入了这个阶段。只不过他们很少用微信，却坚持着每天收看某养生类节目，笔记记了一本又一本。待见到我们，就拿出来一边翻看，一边"密密缝"❷。后来回去得少了，就时不时发个快递过来。通常是各种豆子，不过最常寄的是北京不容易买到的大白芸豆。我知道那一定是大姨夫买的，托他最常光顾的那个店家帮我们收了最好、最饱满的。收到快递我总会和大花开玩笑：

"王老先生有快递呀！"

大姨夫也姓王，是我们那儿的中学语文老师，才华横溢却因错生了年代囿于"成分问题"不能上大学，小时候甚至要靠领瞎子[13]来维持生计。作为一个语文老师，大姨夫字写得很好，可每次快递的纸箱里就只有豆，一个字条都没有。

第三章

天下……天下

何名为众生世界？世为迁流，界为方位。汝今当知，东、西、南、北、东南、西南、东北、西北、上、下为界，过去、未来、现在为世。

——《楞严经》

迷上微信养生的母亲不知在哪看到一个帖子，说市面上能买到的肉都是瘦肉精催出来的❶，还有不少的重金属残留，所以要改吃素。那么大年纪的人，还有糖尿病，缺了不吃肉自己就没办法合成的那种必需氨基酸，可怎么行？满脑子想着讲个通俗点的故事，情急之下倒是祭出一个日本人不吃肉得脚气病的故事：

"话说当年明治时期的日本，极力推行军人的均衡饮食。不但在白米和腌菜之外加了很多的蛋白质与蔬菜，还让所有人都吃一样的食物，不管他们故乡在哪。可惜军方的高层就是不想接受西方饮食，特别是坚持不吃肉。结果陆军和海军都出现了越来越多的脚气病患者。脚气病会导致肌肉无力甚至萎缩，以至于 1878 年 6366 名海军官兵中 1522 人就在服役期间得了脚气病，动弹不得，更不要说打仗了……"❷

"天下还有这等怪事？脚气我早就有了……再说日本人打不了仗不是挺好？"❸

我竟无言以对，只能作罢。不过母亲主动说起天下和脚气两件看起来风马牛不相及的事，倒是颇为有趣。天下，曾一度是（甚至现在也是）中国人最朴素的世界观❹；而脚气，或者更通俗地称为香港脚，就代表了我们对不同世界的想象。

红肠『搁这』

我们总是以己度人的。或者，说得更含蓄点，人类习惯于将不能对象化的自我作为衡量他者的尺度。正如克罗斯比（Alfred W. Crosby）在《哥伦布大交换》一书中所说的那样，梅毒一样的坏病肯定都是外国的鬼佬才会得的❺：

意大利人称它（梅毒）法国佬病，结果这也成为梅毒最通行的外号；法兰西人称它是那不勒斯症；英格兰人则称它是法国佬病、波尔多病或西班牙佬病；波兰人称它是日耳曼症；俄国人称它是波兰佬病，等等。中东人叫它欧洲脓疮，印度人叫它法兰克人病（指西欧）。中国人叫它广州溃疡（广州是中西交流的主要港埠）。日本人叫它唐疮（唐指中国），或者更切题些，葡萄牙佬病。早期众人赐予梅毒的大名，洋洋洒洒，可以写满好几页纸……

中土之国也不会例外：脚气和疟疾都要生在岭南❻，而城市病一个罪魁祸首——性工作者也一定要是"北妹"（即来自北方的女孩）❼。作为一个堂堂正正的中国人，在没去过任何其他地方之前，我自然是把我所在的县城看作是天下的原点。

县城虽小，可也分三六九等。稍微有了点地理方位以后，父母就告诉我三道街 [gāi] 有一座"中心塔"，那就是城市的中心。是水塔还是灯塔已经忘记，只记得它很高，水泥做的。按照今天的情形来看，有点像烈士或是解放纪念碑。显然我对这个被称作中心的塔式地标毫无兴趣。在被拆除之前，塔的周边除了邮局 ❽ 没有任何可吃、可玩的商业设施。反倒是头道街有一个"商业大厦"，虽然不能时常去买东西，更没有什么能买给我的好吃的，但楼梯间的哈哈镜成了我陪父母逛街的一个动力 ❾。每次到了哈哈镜面前，腿像灌了铅似的，拉也拉不走。父母不放心我自己在那玩，无奈也只能驻足观看，陪我傻笑。于我而言，县城真正的中心是被当地人称作"五小铺"的一个露天菜市场。菜市场除了卖肉、卖菜，总有一些摊贩头脑活泛，烤个玉米，煮个毛豆，都是小朋友们的最爱。要是运气好，还能碰到凉糕（即日本的豆大福）和豆面卷（即北京的驴打滚）的小贩。吃上那么一个，不光是肚皮，身体里的每个细胞都跟着绽放了。学校门口的小卖部也算一个，可惜不会像"五小铺"一样总是充满惊喜……总之随便抓一个小朋友来问，再怎么数都不会数到中心塔的。直到父母带我去姥姥、奶奶家串亲戚，我"中心"的观念才随之改变——不过那也是后来的事。

县里有一个老火车站，听老一辈人讲建成于 1903 年。据说是俄国人设计的，屋顶上还雕着龙 ❿。不过我看到的时候，却没他们说得那么好——甚至比我们小学校舍的平房还差一些。不过穿过日本人造的木质的铁路天桥 ⓫，坐上每天一趟的绿皮火车到孟家屯（长春南站），再转一趟有轨电车 ⓬，早早地就到姥姥家了。长春是吉林省的省会，曾经的伪满洲国的首都新京。不过这些和我也都没关系。我觉得长春好，一个原因是那里有一个偌大的南湖公园 ⓭，比我们小县城的儿童公园 ⓮ 不知道要大多少倍，冬天的时候还有冰灯。偶尔去那么一下，仿佛年夜饭的餐桌上父亲又搞出什么新菜品一般惊喜。另一个自然就是姥姥家，那个被大人们称作"一宿舍"的地方，不断刷新着我对于美食的各种期待。

姥姥和舅舅、舅妈住在一起。舅舅舅妈又生了四个女儿，一个儿子。过年的时候聚在一起，早餐注定只能热热剩菜，熬个白粥就草草了事。不过我们远道而来专程拜年，总要区别对待一下。区别的方式就是在上述残羹的基础上，专门拿出为我们准备的哈尔滨红肠❶，切成薄片，摆在盘里作为调剂。那个时候，县城里怎么可能有这种高级玩意儿。小卖部里虽也有一种东西叫火腿肠，但除了外表也用塑料罩上了红色，却丝毫和火腿靠不上边。吃起来粉粉的，没嚼劲。哈尔滨红肠就不同了：咬在嘴里Q弹自如，吃进肚里还唇齿留香。有了它，什么样的剩饭剩菜也都忍了。午餐同样值得期待：一道保留菜是肉酿白菜卷，取猪肉、香菇和木耳为馅，用烫好的白菜做皮，卷起来上锅蒸。咬一口，肉汁顺着菜叶的纹理流进嘴里，甚至有些时候还会肆意爆开、溅到脸上……那种感觉只有吃过才知道。另一道保留菜是炸粉鸽子。粉鸽子就是一种绿豆做的薄饼，相传是慈禧太后用膳的时候随口说了一句"搁这"，被人误解才因此得名❶。粉鸽子本可以炖、炒或者蒸着吃，但过年了就一定要包馅来炸，炸它个外焦里嫩。两道保留菜都要用到肉馅，每次也就总要多备出一些。尽管大人们出于安全考虑，总想把我隔在厨房之外，但我还是扒着门，用鼻子拼命分辨出香味之间细微的差别，听着呲呲的蒸气声和哗哗的油炸声。那一刻，时间都仿佛静止了……您说，我怎么会不喜欢这个地方。

相比之下，奶奶家就太村了。奶奶家的确住在村里。不过好在村建在一条岔路上，过往的人多了，就在农历逢"二、五、八"三天形成了自发的集市，也算是热闹。过年回去长辈，特别是姑姑们也总要精心准备，过年的餐桌总是少不了纯天然、纯绿色的各种食材，什么松花江的活鲤鱼，笨养的走地鸡，应有尽有；就连米饭都是用烧柴的大锅蒸成的。可我并不喜欢：除了咸鲜味道几乎没有任何变化，而且肉总会炖得特别柴。于是，在这个地方，我开始吃火腿肠了，有时候也吃方便面。好在奶奶家就开了一个小卖部。父母觉得我还是应该正经吃饭，不能辜负了长辈们的一番心意。可爷爷奶奶却总是护着我，说："吃吧，吃吧，家里就是干这个的，难得孩子爱吃。"

所以在我的心中，中心、半边缘与边缘[17]，高下立见：姥姥家所在的长春是绝对的中心——尽管那让我魂牵梦萦的红肠、白菜卷和粉鸽子和它的省会或曾经是伪满洲国首都的身份无关；五小铺、校门口小卖部，包括奶奶家都可以算得上是半边缘，毕竟这些地方都还有我爱吃的零食；倒是百无一用的中心塔却成了绝对的边缘——也许它存在唯一的好处就是坐上离它不远的火车站里的火车，可以去到比它更好的地方。

牛河盒饭vs.

这好不容易建立起来的体系，也终究由火车打破。6岁那年的夏天，父亲单位工会有一次集体旅游，可以自费携带家属。父母商量后，决定把我带上。结果，我就变成了整个团队里唯一的小孩儿。还是从我们那个老火车站出发，还是走那座咯吱咯吱响的天桥。不同的是，这次要出远门，不是通勤车也不是始发站，硬座车厢里，人们挤得像成熟的玉米棒里被叶子包裹着的籽粒。我人小，挤不上去。爸爸和几位同事商量了一下，就决定像塞行李一样把我从车窗里递了进去，再小心地放在座位下面，说"你就睡这里"。

以前出门坐火车，总会带点吃食打牙祭。最常带的是煮蛋，或是自家炒的瓜子（葵花籽）。走得远了这些就都不能带了，与其让食物在没有空调的车厢里坏掉，还不如踏踏实实买车上的盒饭。其实还没等出发，叔叔阿姨们就已经开始给我各种安利盒饭的好吃，就连装着盒饭的铝饭盒也被说成是一件工艺品。听得多了，以至于在计划旅行的那些日子，我一度以为盒饭就是天底下最好吃的东西，那味道肯定惊为天人。在座位底下躺着，时不时还探出个头来，看卖盒饭的什么时候过来。后来才发现，其实是我多虑了。一般在送盒饭的小推车还没到跟前时，叫卖声音就已经到了：

"盒饭啦，盒饭啦……"

"啤酒、白酒、烤鱼片啦……"

经常都是这么几句。比声音更先到的是味道，通常是咸鲜味透着的那股子酱香，还有淡淡的蒜香。前面的是木须肉或是青椒肉片，总之就是猪肉片炒另外一种东西，用鲜亮的酱油上色，又勾着厚厚的淀粉芡。后面那个根本不用看，光闻到味儿我就知道了，我百分之百肯定："不会错的，红肠！"盒饭装在长方形的白色泡沫塑料饭盒里，盖子就那样肆意地翘着，根本盖不严。于是味道才可以跑出来，飘在空气中。可惜的是红肠总是太少了，每个盒子里只有三四片，而且也不如姥姥家的好吃。不过叔叔阿姨看我爱吃，总会把他们的夹给我。我就拿自己每一片都带着肥肉的猪肉片跟他们换。一路上走了七八个城市,吃过的好东西按理说应该不少。可记忆中没有任何一样的好吃程度,能和盒饭媲美——不过难吃到让我印象深刻的也有。记得某天从南京站出来,遇到有人卖老酸奶才陡然想起也许家门口小卖部的 AD 钙奶会不会也想我了……结果,喝了一口就赶紧吐掉:"根本就不是这个味儿!"

再有机会坐长途火车出东北,就到了高三那年的寒假。当时清北两所学校都有声乐特招生,就想着考考看。父母亲有一个共同的大学同学,毕业后嫁到了北京,听说我们来了要请吃饭,安排在某著名星级饭店——当然客人并不只有我们,还有她的两三个朋友。分宾主落座后,父亲的同学就开始点菜。声音不大,似乎只需要她和服务员两个人听见。菜也上得很快,但却也不多,全然不像东北宴请,若是不摆满了桌子就总觉得怠慢了客人一样。其中的三道仍记忆犹新。

一道是脆皮鸡。其实整只鸡的料理我们那也有,只是多用卤的,且没有脆皮。星级饭店里的这一道,小小的一只不说,颜色也比我们县城里的要浅好多。夹一口吃在嘴里,皮脆肉嫩,味道竟也出奇的淡。当时并不懂得欣赏食材原本的鲜味,只是没了熟悉的复杂香料混合出的味道,竟还有点不习惯[18]。转念一想,既然这是首都,是全国人民公认的中心;饭店又是中心里上了档次的好饭店,吃不出来好吃,肯定是自己的问题。

另一道是白灼基围虾。新鲜的活基围虾只用水轻轻煮过就被摆盘端上来,配上一个小淡酱油碟蘸着吃。在老家,一个纯内陆的省份,海鲜注定是百姓餐桌上的奢侈品。平日里顶多吃一点时令的小河虾,或是干炸或是炒韭菜。更常见的是完全看不出虾子形状的虾片[19]和海米。特别是后者，就是那种小到不能小的杂海虾干，一般用来煮汤或是蒸鸡蛋羹。对于小朋友而言，这种海米存在的价值在于当没有零食可吃的时候，偶尔抓那么一两个放在嘴里嚼，聊胜于无；或是实在无聊，便从海米里挑几只误入的小鱼或是小蟹来尝尝看。再后来生活好了，也是在过年的时候才会买一些籽虾（即北极虾）煮着吃。也本以为籽虾就是虾子中味道的极致了，可吃到基围虾才知道有肉质这么紧实，吃起来还有点甜的虾种——可惜和脆皮鸡一样，白灼基围虾的味道也极为的淡。淡到令人不禁怀疑，是不是厨师因为什么事情偷了懒。

第三道是干炒牛河，准确地说是这一桌菜里的主食。牛肉嫩滑，菜芽脆爽，干身（指要收汁到上盘时基本不见汁水）的河粉上色均匀，不腻不焦，夹起来筷上盘上没有一丝多余的汤汁和底油——关键是所有食材混在一起，竟有一股家门口小卖部用车辐条做签烤羊肉的那股焦焦的味道。当时还不懂菜系，不懂得镬气[20]，更别说什么让地方特色小吃的登峰造极做法，只是知道这种自己从来没吃过的东西，堪称天下绝品——当然现在回想起来，之所以对牛河赞许有加，可能因为它是三道菜里最不清淡的一道。

无论如何，在首都吃的这顿饭都在我心中刻下了深深的痕迹。或许是因为父亲的同学从随身的皮包里掏出一沓厚厚的人民币直接点给服务员付账，被这份豪气所震撼。又或许是欠了人家人情，却辜负了盛情款待——没拿到半分的特招加分。不过高考结束后，除了吃席，一有时间就练习能使出这种镬气的掂勺法子。虽味道总不如记忆中的牛河好，但也算小有所成，以至于但凡能用镬气料理的烹饪我从不吝惜使用——尤其是客人莅临或是逢年过节，更会邀食客来观看我表演，以示高级。至此，西敏司所讲的社会中的"广延"（extensification）就圆满完成。虽原本是指涉不同社会阶层之间消费的趋同，用在中心——边缘的扩散上却也异曲同工 ㉑：

> 越来越多的（英国）人经常接触到蔗糖，甚至习以为常。频繁地消费糖，尤其是便宜的棕糖或糖蜜，即使只是不多的量，也会逐渐削减糖作为一种迷人的奢侈品以及一种昂贵的珍稀品的地位。作为茶、咖啡、巧克力和酒精饮品的甜味剂，作为烘焙面包和制作水果甜点的原料之一，蔗糖在 18 世纪变得越来越日常化、平民化。用得越来越多、越来越频繁——伴随着新食物和新兴消费场合的兴起，每一种新食物、每一个新场合都在塑造和巩固蔗糖的某些特定意义，所有这一切更加深了蔗糖日常化的品质。

食材也好，品位和厨艺也罢。日常化、平民化的前提是为这些家庭和平民所知，是打破他们原有的如坐井观天一般的天下观和相应的中心、半边缘与边缘的僵固划分。"真是天外有天啊！"感慨过后，新的世界也便被开启了。

诚如布尔迪厄（Pierre Bourdieu）所说：

> 我们会在对食物的偏好中发现原始训练的最强大最永恒的标志，原始训练在远离出生世界时或出生世界覆灭之后仍会长久存在并坚定地支持对出生世界的眷恋：出生世界其实首先是

整个母亲世界，原始趣味和最初食物的世界，与文化产品的原型形式之间的原型关系的世界……作为一切形式的趣味的原型，直接诉诸最古老和最深刻的经验，决定和限定苦／甜、美味／无味、热／冷、粗俗／雅致、严肃／欢乐这些原始对立的经验……是必不可少的。[22]

对于每个人而言，那个由家庭所塑造的"出生世界"是很重要，但人总不能像拉磨的驴子，一辈子被困在"原型"里打转。而且，既然"美食学是主宰趣味的培养和训练的一整套规则"[23]，我们就要去到其他地方来学习这些规则——借由某些内在的或是外在的动力，离开那个自己最熟悉、最舒适的"出生世界"。

往往，带领我们离开那个"出生世界"以及此后一个个世界的都并不是原本属于那些世界的人，所以我要感谢比妈妈年长二十岁的舅舅。是他努力地积攒政治表现[24]，才让"黑五类"[25]子女的身份政治标签没能成为他的拖累，让他们有机会回到长春定居，才让我有机会第一次坐上火车离开原点。要感谢爷爷奶奶，当时选择了让父亲这个长子走出农村到城市上学，才让我有机会在应试教育把自己规训成围绕着书本和课堂转的乖学生之前，作为一个单纯的人放眼看、用心品这大千世界、大好河山。要感谢父亲在北京的同学，听说我们来了坚持在百忙中请吃了这么一顿与众不同的饭，才让我有机会认识到自己对于饮食、地点乃至整个世界的理解都是如此的浅薄，决心到更中心的中心学习、发展——恰好是北京，却并不必然与中国首都这个标签相关。

当然，这一切都是有代价的。舅舅、舅妈是如此热情地投入社会主义建设中，以至于几个子女和他们都不是特别亲近，特别是承担起代理母亲职责的大姐至今还颇有怨言。爷爷、奶奶是如此决绝地送父亲离开乡村，以至于养家糊口、照料老人的重担都落在两位叔叔和三位姑姑的身上，他们没机会上大学又被所谓孝道长时间困在农村。父亲同学的代价是什么我并不知道，因为后来再也没有见过。也许是那一沓厚厚的人民币，也许对她根本就算不了什么。但与我而言，那次埋单让我深刻地体会到了城乡差距竟然如此悬殊，以至于后来收到录取通知书，看到 4800 元／年的学费缴费单，竟也没有特别的吃惊——尽管当时父母的工资不足每人每月 800 元。

咖啡，或茶

真的考到了北京，也就慢慢接受了这偌大的城市或是各种中心的头衔都跟自己没多大关系的现实。宿舍、教室、食堂这"三点一线"的生活基本上就构成了校园生活的全部。身在某著名院系，本科课业的压力极大，自习室资源又没有那么多。一般是图书馆还没开门就要跑去抢座，晚上回来还得搬个小板凳在楼道或者水房里赶作业。班级的年度聚餐甚至都不会走远，顶多跑到村里（即中关村），吃个郭林家常菜，已经算是时间上的奢侈。难怪一入学，辅导员就夸下海口："咱们这个园子里，啥都有，除了火葬场……"

尽管有不少时间坐在图书馆也只是看闲书或者发呆，但午餐过后，当血液都进入到胃里帮助消化的时候，困倦总会悄悄来袭。喝咖啡总

天 下 …… 天 下

是一个好的选择。那个时候的咖啡，其实只是有着咖啡味道的糖水。一包三合一，甚至要兑到800—1000毫升的水。其实就是喝个味道，找个心理安慰。学校的超市里倒是也有黑咖啡卖，也曾经尝试，但就是味道苦到喜欢不起来。喝咖啡的笑话也没少闹，一次和同学在商场里碰到有人推销现磨的咖啡豆，价钱还挺便宜，就买了一大包按照速溶的方式喝。可想而知，一口下去嘴巴里、嘴唇上满满都是黑乎乎的咖啡渣，引得对桌的同学会心一笑。

转机同样来自和不同世界的人的相遇。读直博的时候，和一个来大陆学马克思理论的台湾小哥分到了AB间。于是，AB间的中厅就被我们开起了读书会。与其说是读书会，还不如说是茶会：找一两本共同感兴趣的书喝喝功夫茶或者手冲咖啡，再配上一些他从台湾带来的或是我们随手在超市里买到的茶点，主要就是聊天。

聊天中得知台湾小哥出生在彰化，是个地地道道的农民子弟。自幼和卖水果的姑姑一起长大，却对茶和咖啡颇有心得。也就是从他那，我才知道绿茶、红茶以及乌龙茶、白茶的区别，咖啡竟然还分蓝山、曼特宁和哥伦比亚。两个人一边讨论，一边品鉴，也一边查阅……就这样，新世界的大门一扇一扇地被打开。奇怪的是，心灵越发地靠近那个中心，肉体就越被卡在本应属于他的地方，反倒是此前被自己权当作半边缘的东西渐渐沦为边缘。而且这种变化不可逆：一旦变了，就回不去——正如被我果断抛弃的速溶咖啡和甜茶饮料，却也无福享受母树大红袍和猫屎咖啡㉖，流连读书会上的功夫茶和手冲咖啡都还是以30元人民币半斤或者半磅为限。无论如何，却始终再也不肯喝速溶咖啡或是工业灌装的甜茶饮料。

那究竟谁才有资格来界定天下的中心呢？

也许就是产生了这中心、半边缘与边缘划分的世界体系。正如正山小种（Lapsang Souchong，按福州话直译是烟熏小种）本是被军队睡过的茶青，因当地人不想浪费，用急火烘烤后挑到星村茶市贱卖才出现的制茶方法。其本质上是一种对"做坏的茶"的最好补救。在其未带来明显的商业利润之前，茶农并没有为这种价格低贱的茶专门取一个名字，只是笼统地称之为"乌茶"，更谈不上对其规定原产地范围是否是"正山"（即桐木）。先是荷兰人愿意用高出一般茶叶两三倍的价钱来收购这种茶，后来英国凯瑟琳皇后的推崇才让这种烟熏工艺反倒变成了最好的中国红茶的代名词㉗。

英国人对红茶是如此的钟爱，以至于英国诗人拜伦在其长诗《唐璜》中写道："我觉得我的心儿变得那么富于同情，我一定要去求助于武夷的红茶。"东印度公司更是派了植物学家福琼（Rorbert Fortune）两访中国茶乡，窃取了红茶的制作技术，带着茶苗、茶种和8名制茶工人到了印度㉘。也正是茶，让"东方伊甸园的这片绿色怡人的土地变成了这个宗主国'黑暗撒旦的磨坊'的可怕复制品"。军事化的生产组织方式之下，种植园的"苦力"（coolies）沦为了实际上的奴隶。逃跑不得——即便是想反抗，也只能悄无声息㉙：

> 女人会在茶篓底部放一些分量重的东西以增加茶叶重量；负责修剪茶树的劳工会放慢干活速度，为的是多挣加班费。即使是孩子也不能信任：他们的一个工作是抓毛毛虫，"任务"是一天抓20磅毛毛虫。但是，有的人会用前一天抓到的毛毛虫充数。㉚

首当其冲的还有中国的茶农。价格低廉、味道浓烈的阿萨姆邦茶彻底破坏了中国的茶叶出口市场。对于英国人而言，只是初级产品供货地点的转移。对于中国人而言，则是免不了的颠沛流离、家破人亡：

> 1881年之后，茶叶价格非常低……开茶庄、做茶箱的人纷纷破产。很多种植茶树、加工茶叶的人无法依靠茶叶（生活）。自己有田地的人改种别的作物，没有田地的人靠帮人砍柴为生。[31]

今天，殖民主义仿佛在这地球上消失了。公平贸易认证、道德采购原则等等甚至号称已经从制度上保护了世界各地的初级产品生产者。但还是在印度，又是来自世界中心的庞大的消费力，破坏了既有的茶工与种植园主之间以非货币化福利为中介的互惠关系。尽管道德标签暗示着消费者可以通过购买茶叶来改善种植园的状况，但其所带来的额外的经济收益根本没有流向边缘劳动者的口袋……[32]没错，这标签竟成了让零售商和消费者参与到"追求社会共荣"的一针安慰剂，真正的受益者就还是只有那个中心！

每每想到这，就总会痛下决心，说再也不喝茶了。但咖啡又何尝不是如此呢[33]？突然觉得自己有点像执着地认为这个世界不对头的小米兰了：

> 周末，爸爸、妈妈和米兰一起看电视，看到了一个报道汉森家族咖啡连锁店的纪录片。德国的一个女记者跟踪到非洲，拍摄

到非洲小孩收获咖啡豆的镜头。其中有一个八岁的漂亮男孩子，很明亮的大眼睛，一路翻山越岭，走了十几公里，把满满一袋咖啡豆背到收购处。他这样背了一天，得到三欧元的工钱。记者问他这是不是一天劳动的报酬，他露出洁白的牙齿，笑眯眯地说，这是我一家人今天的工钱。米兰的眼泪差点落下来了……"以后你不许买他们的咖啡。"㉞

正如米兰的父亲告诉她的那样："喝茶也不解决问题。如果是来自印度或斯里兰卡的茶，一定也是童工的劳动。"面对庞大的世界体系，我们任何试图改变的举动都如蚍蜉撼树般的徒劳。可西敏司并不是这样告诉我们的，他说㉟：

> 对于每一个人而言，饮食行为是人类透过行为，把事物的世界与思想的世界连接起来的基础，因此也是人与世界建立关系的基础。

她明明暗示着我们有办法，自己却又想不通。

某天学生菲菲兴冲冲地告诉我："老师，深圳南山刚好开了一家喜茶，排了第一号，终于买到了！"

作为一个"80后"的"老人"实在不能理解"90后"追逐网红食品的疯狂行为。不过顺手查了喜茶的明星产品才陡然发现：来自祖国台湾阿里山的金凤茶、从北印度发掘的红玉茶王，以及澳洲进口的块状芝士，配上欧洲进口的鲜奶构成的奶盖融合在茶汤里……原来，一杯网红茶,就是一个世界。世界的规则从未改变,改变的只是我们自己。或许相对于悲天悯人,我们更应该庆幸的是自己是把喜茶捧在手心里的消费者,而不是在阿萨姆的茶园里捉虫或是在非洲的大山里背咖啡豆的小孩。

　　但这样,这个世界就好了吗?

第四章

道地正宗

世之技艺，犹各有家数；市缣帛者，必分道地。

——［宋］严羽《沧浪诗话·附录·答出继叔临安吴景仙书》

　　自小我就被灌输，虽然是实在亲戚，相处过程中还是要遵循着"来而不往非礼也"的关系学原则❶。比如去姥姥家拜年的时候，父母总要费尽心思搜罗各种当地土产来表达"心意"。即便姥姥不在了，这种传统还得以延续。母亲说，姥爷走得早，长兄如父。身为独生子女的我并不理解其中的含义，只是知道舅舅的确对我们家很好。尽管舅舅只是一个普通工人，但在省城工作就总会见识到许多我们在县城里见识不到的东西。比如某年冬天，舅舅突然到家里来造访，扛来一编织袋"富士"苹果。那大概是我生平第一次吃到如此甜美的玩意儿。我们家其实也储水果过冬的，只不过那种苹果叫"国光"❷，酸得要命，只配放在辣白菜里吃。

　　舅舅说他和孩子们都爱吃我们这的干豆腐❸。准确地说，是我们县下属黑林子镇的干豆腐。听老人们讲，黑林子那个地方因森林茂盛，在乾隆年间被称作赫林子，和公主岭一样是以谐音命名。我倒是也去过几次——主要是学校组织春游、秋游，黑林子的卡伦湖大概是我们为数不多的几个选择之一——却从未觉得那个地方有什么特别。舅舅可不同意。他说，黑林子的干豆腐又干又薄又劲道，远比他们在省城能买到的强。问其缘由，说大概是黑林子那的水好，豆腐匠的手艺也好❹，才做出这等卷葱蘸酱或是配尖椒肉炒都异常好吃的极品。

可惜舅舅说的好，我并不能体会，甚至心底里还是会觉得做法大致相同的大豆腐口感要更好。而且看到干豆腐表面细细的纱布纹路，总会让我想起画画用的层层叠叠的宣纸……不过既然舅舅喜欢，每次串亲戚之前父母都会花心思寻了来，带大大的一包过去。当然，除了干豆腐还有配它炖煮的走地鸡或是卡伦湖的鱼，是另外的一大包——仿佛"买椟还珠"这句成语就是为了这个礼物的搭配而存在的。记得一年黑林子大火，父亲竟托人去问，听闻豆腐坊安然无恙才放心。不过那大概也是我第一次知道，一种味道竟然可以和某个地点相连❺。

南北海碗

到了北京，这种味道与地点的联系以某种方式被强化，比如每个食堂都几乎有一个或者几个地方特色菜窗口。但我却大都品尝不出来——或许唯一能够分辨的是川渝风味所代表的辣，以及晋陕风味就是各种面食的代名词。

情况一直到大二的某天发生了变化，父母给我电话告知要到北京来开会，顺便看看我。怎么也是在北京生活过一年的人，总要表达一点"地主之谊"的心意才好。可那个时候并没有读过张北海的《侠隐》，还不知道复仇者李天然随意混迹的就是最道地的北京吃食；互联网也不发达，能查到的众所周知的全聚德、东来顺甭管好不好吃，都不是我能消费得起的。于是还是请教了北京当地的同学，说要不您去海碗居瞅瞅？我听劝，就真的去了。

学校附近还真没有，就和父母约了甘家口的总店。据说老北京人把青花大粗碗叫海碗，以海碗为餐厅定名，就是要突出那股子京味儿。都不用吃，只要一进门，就会被你这种传统所震撼。服务员穿成旧时店小二的样子，青布褂子白手巾，一句"里面请嘞，您哪！"光听这一句京腔，就会觉得里面卖的面也一定正宗。何止是面，豆汁、糊塌子、炒麻豆腐、果子干、炸焖子、芥末墩儿、炸灌肠、老豆腐……都是家常的北京菜。可我们只点了炸酱面，因为说好了我请，就不好让父母再花钱。

炸酱面本是穷人的美食，怎么说也是不登大雅之堂的。而且并没有什么标准做法 ⑥，例如李天然吃得最过瘾的竟然是西红柿炸酱面，至今都猜不出究竟是个什么东西。当然最奇怪的还是鲁迅，竟在小说中写了一个什么乌鸦炸酱面，让人恶心。无论如何，炸酱面的关键是在炸酱，有说只用干黄酱的，也有说干黄酱需加了甜面酱才行；有说用四六肥瘦的猪肉丁，也有说三七的。总之是要炖到肉皮红亮，香味四溢，才盛在精致的小碗里。

海碗居的特色在于菜码，而且一定要是八菜码。黄瓜丝、心里美萝卜丝、青蒜、豆芽菜、白菜、芹菜、青豆、大蒜，都齐备了才行。甭管炸酱面是不是慈禧"老佛爷"曾经垂青过的逃难美食，若是当年京城的纨绔子弟也好这一口，必定是需要些什么东西和下等人区隔开来的。那个时候还没有现代化的冰鲜技术，若能在一年四季的任何时候吃到非时令的蔬菜，倒也真是他人没法比的。于是，八菜码如众星捧月一般地连同海碗盛着的炸酱面，被端到顾客跟前。问罢是否有忌口，就只见店小二手起碟落，将八菜码扣到碗中，讲究的是"八碟八响送吉祥"。说了句"客官慢用"，就不见踪影。父亲见了这整套的流程，面还没吃就拍手叫好。不过母亲尝了一口倒是说，卤有点咸。

老北京人究竟是不是像在海碗居一样吃炸酱面，已经无证可考。不过英国历史学家、作家霍布斯鲍姆（Eric Hobsbawm）告诉我们 ❼：

> "传统"，包括被发明的传统，其目标和特征在于不变性……"被发明的传统"意味着一整套通常由已被公开或私下接受的规则所控制的实践活动，具有一种仪式或象征特性，试图通过重复来灌输一定的价值和行为规范，而且必然暗含与过去的连续性……即使只是通过不断重复……发明传统本质上是一种形式化和仪式化的过程。

学农出身的父亲竟然一开始就是对的。吃炸酱面的关键并不在酱，也不在菜码，而是在于"里面请嘞，您哪！""客官慢用"等等吆喝，在于面、酱、菜码经小二那么一路倒腾，在于店里复古的装潢特别是那八仙桌、长板凳，也在于席间不时蓄满在杯子里的免费的面汤。

同样使用海碗作为"发明传统"仪式关键的还有过桥米线。对于生活在稻米之乡的人而言，把好好的米磨成粉再做成米线可谓暴殄天物。所以即便家门口就有一家桥香园，大概是时下最火的过桥米线的连锁店，我也从不曾想过去吃。可偏偏一次到了云南，负责接待的朋友为了尽地主之谊，还是请我吃了桥香园。盛情难却，想着即便尝不了鲜学学吃米线的礼儿也不错，就一口应下来。结果一到店就发现，过桥米线一定要用海碗装（蒙自人也用"海碗"这个说法），说是只有碗大，才能盛得下一定分量的热汤。热汤是用来烫配菜的，在中国的传统烹饪技法里叫做"氽"。氽就意味着食材一定要薄，才能被开而不滚的热汤瞬间烫熟。当然，如果配菜实在难以瞬间氽好，就要提前加工。因此在过桥米线的荤盘里又分为生盘与熟盘：生盘包括切得几近薄纸的猪脊肉片、生猪肝片、生猪腰片、生乌鱼片、鹌鹑蛋等；熟盘包括香酥、鸡腿、鸡翅、五花肉等。除了荤盘还有素盘。素盘一般盛的就是各种时鲜的蔬菜，如豌豆尖、草芽（建水特产蔬菜）、玉兰片、豆腐皮、芫荽（香菜）、韭菜、葱、薄荷、芹菜、菊花等。和炸酱面不同，过桥米线的海碗在使用前需上炉烤热，而且号称"九九归一"的荤素配菜也未必需要全部放在碗里，吃完米线与配菜最后还要喝汤……其他的部分，大同小异 ❽——虽然炸酱面用的是麦,过桥米线用的是粲（精米）——但相对于食材，真正重要的还是形式和仪式，是不断的重复。请我们吃桥香园的人，自己却不吃过桥米线。她说，本地人都不吃这个。那一餐，她吃的是更经济实惠但看起来怎么都比我那碗好吃的小锅米线。

　　海碗居也好，桥香园也罢，都是二十世纪八九十年代餐饮创业的结果。海碗居的创始人关泉海生在老北京的民康胡同，自小熟悉了老北京的吃食，也趁着在体制内当销售科长的时候寻访过天下的美味。在"下海"热最热的时候，关泉海也跟着下去了。可海碗居的主意是酝酿了十年才成。关泉海说，大量外地人做北京小吃，已经让人很难吃到小时候他在庙会里尝过的那些个味道。更不用说辞职头一年，他大哥病危，弥留之际就想喝一口老北京的豆汁儿。结果，"他四处淘换，愣没买到" ❾。这才激励着关泉海把北京人自己的小吃做好。桥香园的故事也类似。"待业青年"江氏兄弟当初就是"凭借着蒙自人会吃米线会煮米线的能力"，最初从"铁路小吃"这种路边摊练起，勤勤恳恳，

鸡肉、土豆的部分都没错，即便是去到大盘鸡的发源地新疆沙湾也大概是这个样子，除了印象派这种夸张的比喻。但作为饮食仪式的一个重要环节，面片却并不是盛在大盘里，和北京的大盘鸡全然不同。相反，每人面前有一个小碗装满了可以随时"加面"的拉条子（皮带面）——反倒是鸡肉、土豆和汤汁，可以像炸酱面里的八菜码或是过桥米线里的荤素盘一样随意添加。要不是真的去了沙湾，还是当地的政府官员亲自招待席间讲了其中掌故，还真容易吃出笑话。

招待我们的人说，沙湾的大盘鸡同样兴起于"下海"热的二十世纪八九十年代。当时沙湾饭馆大都开在穿城而过的乌伊公路两旁，一到中午，各家馆子门前拉出一溜八仙桌。一公里长的县城，一公里长的吃鸡队伍⓮。最初吃鸡的人是货车司机。作为辛劳工作的补偿，他们的收入本来就比其他的社会群体高，再加上长途运输总容易夹带、倒腾点私活，就更是不差钱。但一个人吃一整只鸡对于重体力劳动者来说，也的确太夸张了点。一般是两三个小伙子，三四个姑娘点这么一盘鸡，当然了要"宽汁"，再加上三四盘拉条子，各自拌在碗里，吃它个风卷残云，也能消除一天的劳累。反倒是大盘鸡随着比丝绸之路还长的 312 国道传到祖国各地，才有了面直接加入汤汁的吃法——为的是快和标准化，又像极了麦当劳。

我说我听到的故事并不是这样：

相传解放前期，一位烹饪大师张师傅为躲避连年战乱，来到了新疆沙湾县。为维持生计，便开了一家小餐馆，主要卖炒面。

一天，有一位长途车的司机路经此处，到此店吃饭，对张师傅说："炒面太干了，您再给炒份辣子鸡，和面拌在一起……"这一下提醒了张师傅，于是张师傅便创制了这道大盘鸡，从此便流传下来。[⑮]

招待的人听了，泯然一笑，问："两个故事，你相信哪一个？"

我知道一来辣味并不是川菜的全部。比如改革开放之初北京饭店曾经出了一本《北京饭店名菜谱》，其中284道川菜中也就只有约20%是一定要在原材料里配辣椒的[⑯]。而且当年（约清中期），也是因为四川人口的迅速膨胀和食盐产量的停滞不前，才导致人们自觉地引入辣椒来替代食盐这一日益稀缺的调味品[⑰]。二来新疆人也吃辣，特别是寻常百姓家。不过落难的烹饪大师为货车司机所拯救，总比一个单纯的市场调节作用要更加扣人心弦——正如海碗居的创业故事里，免不了要加入一点家庭的温情元素一样。

不过大盘鸡正宗性的精髓的确是在辣，而不在鸡。讲究的沙湾人出去开大盘鸡店，都要一车一车地把沙湾的辣皮子（当地人对辣椒的称呼）费尽心思地拉过去。"但凡是强调鸡是从沙湾空运过来的，都是假大盘鸡"，招待的人这样告诉我们。但金丝特这样的驻京办餐厅还是要去的，毕竟从北京去一趟沙湾要先坐四个多小时的飞机再开几小时的车才行。只要是驻京办那个房子是正宗的就行了，何况吃的时候我总会创新地将白馕掰碎了放在大盘鸡里，宛若在西安吃羊肉泡馍一般[⑱]。

正宗或者不正宗，显然并非全然是资本的逻辑。诚如胡嘉明所言，挥之不去的是地方政府的影子。他们参与到了正宗性的建构当中，又选择对可能有违正宗性却有益于地方文化传播的虚构故事视而不见。结果，传统的意义和所谓的道地[19]：

> 终究将取决于地方、民间倡议如何与政府、资本挪用协商，以及村民和城市消费者如何共同重塑传统，而非一成不变、单向权力关系运作的模式。

没错，正是不同的力量交织环绕，才使得延安市安塞县政府不惜安排200位摄影师搭乘早上8点整的巴士，前往北部的山丘，在气温为 -1℃ 且空气稀薄的山顶观赏一场由100位身穿红衣、头戴羊肚巾（白色手巾）的腰鼓手所组成的表演——不是为了供游客观赏，而是借助民间文化传统和优美的风土景色，宣传、推广延安这个当代中国的革命圣地。毕竟城市终归是人的城市，而非单纯的空间的折叠和展开。说到西安，最近某次去造访竟发现不但凭空多了许多"长安葫芦鸡"[20]一样的被发明的传统，整座城市还和抖音合作致力于推广自己早已不复存在的大唐神韵。

> 正宗这个词引发我们想到其他一系列的相关概念——原初的、地道的、真实的、真正的、名副其实的。这些概念通常在语义上包含一种自我肯定的意味，因此当讨论什么是正宗的时候，我们也得界定和正宗背道而驰的方向，即什么是不正宗的和虚假的。[21]

不过无论是大盘鸡还是"葫芦鸡"，只要是能够招徕源源不断的顾客，名义上是否正宗都已经不重要了。毕竟一个普通人，不可能说走就走去新疆或是去日本，就为了感受那份正宗。

神乎其技 所以传统靠不住，经由地方政府背书也靠不住。作为一个厨房爱好者，于是我宁愿相信正宗性唯一的来源便是食物独特的被制造出来的方式。但很快便会发现，这几乎没有任何操作性。以比萨为例，很早就知道为必胜客等快餐店所推崇的"深盘比萨"其实是美国人的创造；尽管在世界各地都吃过不少号称的那不勒斯比萨，但被誉为比萨"圣城"的那不勒斯却始终没有去过。

于是这种神乎其技的正宗性还是只能依靠道听途说。意大利的朋友告诉我，真正的那不勒斯比萨一定是香脆的薄饼。比萨师傅在制作时首先会捶打面团，进而用双手旋转、缠绕面团，然后把它快速抛到空中，同时还常常唱着传统歌曲……面饼做好后再抹好酱汁、洒上奶酪、淋上油，抓住之后会鼓起成为比萨边的地方把它拖到长柄木铲上，然后将比萨送进烧木柴的炉子里 ❷。因此只要见到正圆形的松软厚底，就必然是美国人东施效颦的伪作。

他还说，代表那不勒斯比萨的招牌是"玛格丽特"。和慈禧命名粉鸽子的方式类似，据说也是受到玛格丽特女王赞许之后才得名。"玛格丽特"比萨就是不加任何额外配料（Topping）的素比萨，面饼上只有番茄酱、马苏里拉奶酪和海荷香浓郁的罗勒。正是因为做法简单，才成为比萨师傅技艺的试金石。受到他的影响，每到一家新的意大利比萨店，我也总要点一个"玛格丽特"比萨一探究竟。不过既然没尝过正宗，也就无从判断不正宗，到头来还是得依靠来自友人的道听途说：

> 为了保护那不勒斯传统比萨，并与其他的速食比萨相区别，1984 年那不勒斯比萨协会制定了必须使用指定食材的规则。按照这套规则执行的店铺，在通过协会的比萨成分分析之后，就能获得传统比萨专卖店的认证。斯塔瑞塔所获得的，就是代表着"特产传统保证"缩写的 STG 等级的认可。正因为如此，从番茄到马苏里拉奶酪、罗勒甚至是橄榄油，都必须使用指定的食材。顾客们在看到店铺门口的 STG 认证招牌之后，就知道这家店铺使用的全部食材都是用以制作 STG 等级比萨的。[23]

不过据说意大利足足有两万家比萨店，其中也只有 1% 会遵循这一规则。足见官方认可并不重要[24]，关键的还是技艺。2017 年联合国教科文组织（UNESCO）保护非物质文化遗产委员会（Committee for the Safeguarding of the Intangible Cultural Heritage）已将那不勒斯城中的比萨师傅（专门的名词是 pizzaiuoli）列入了人类非物质文化遗产代表名录——而这一数量是大约 3000——每一位都有着世代相传的和面团秘方。

这么说也的确难为美国了。长期作为英国的殖民地，竟然连吃食都要受人嫌弃。当时的殖民者担心美国气候诡异，会导致他们退化成美洲原住民的野蛮状态，于是就坚持吃面包的"文明"习惯。无奈面包所需的原料小麦最初在美洲大陆上收成并不好，新英格兰移民也要坚持用玉米粉（配上黑麦粉）来做面包[25]。所以玉米，而不是其他，是从原料检验美式餐饮正宗性的唯一关键。无论是好吃的印第安布丁，还是玉米松饼都离不开玉米粉作为主要原料——那是一种因地制宜的创新智慧，或者说在自然和文化之间所做出的不得已的妥协。伴随着美国的诞生，这种创新的精神反倒被保留下来成为一种国家特色。比如免不了从欧洲传统芝士的逆向工程中获得灵感的美国芝士手工匠人，始终希望不断推陈出新，打造出独特的"美国芝士"[26]。而所谓的"深盘比萨"其本质上也是意大利比萨配方和美国派做法的组合，而且一改"玛格丽特"比萨的简约风格，反倒以相当数量配料的"难忘品质"（impressive quantities）吸引食客[27]。

提到美国人在餐饮方面的创新精神，就不得不提到美式早午餐（Brunch）。尽管"早午餐"这个词来自英国，但真正把早午餐做成一个传统的还是在美国的新奥尔良和纽约城。在二十世纪二十年代消费主义盛行的镀金时代（Gilded Age）[28]，早午餐是美国上流酒店里身份和地位的一个象征，有点像中国广东地区的早茶。本尼迪克特蛋（eggs Benedict）是美式早午餐公认的代表——起码专程邀请我去匹斯堡访问的 Lisa 女士是这么说的。关于本尼迪克特蛋的起源众说纷纭，其中最流行的一个版本是来自 1942 年《纽约人》杂志上的某篇文章[29]。文章称：

> 本尼迪克特先生（Lemuel Benedict）到老华尔道夫酒店的餐厅用一个迟到的早餐（late breakfast）。他有点宿醉，但脑子却很

灵光。本尼迪克特点了一些黄油吐司，一些煎培根，两个水波蛋和一点荷兰酱。把这些组合在一起，就因此得名。当然后来酒店的奥斯卡（Oscar）对此进行了改进，将火腿取代了培根，用英式松饼取代了黄油吐司，就保留在酒店的早餐和午餐菜单里。

刚读到这则故事的时候，总不免泯然一笑。一来是因为四十年代的时候，媒体文章里竟然还并不像今天一样大量使用"早午餐"这个词。二来是只要吃过一次，就会清晰记得这种开放三明治的摆盘明显就是在暗示着"少女的酥胸"[30]，像极了源自意大利却被法国发扬光大的著名甜食马卡龙[31]。若能参透这层意思，本尼迪克特先生为什么要宿醉大概也容易理解了。当然这些都是臆想。和"玛格丽特"比萨一样，本尼迪克特蛋据说也是检验美式早午餐餐厅是否正宗的唯一标准。其他的部分其实都不难，难的在荷兰酱，Lisa 女士这样告诉我。

荷兰酱的主要成分是蛋黄和黄油，再加入柠檬汁、盐和黄椒调味。蛋黄需要隔热水打发，逐渐打成酱状再慢慢加入黄油，最后调味。这个过程中温度控制很重要，因为一旦温度过高蛋黄就会凝固，而温度过低蛋黄永远打不成酱状。因此，道地的餐厅每天只能单独做荷兰酸辣酱——比如她请我去吃的那家。而不道地的，大可以依赖工业化生产或是在超市里面买[32]——比如麦当劳，在二十世纪七十年代就"学习"了本尼迪克特蛋的理念，开发出自己的吉士蛋麦满分（Egg McMuffin）。当然作为一家典型的美国食品企业，麦当劳也是有创新的。最明显的创新之处就在于原来的开放三明治被合了起来——少了一份性暗示，小朋友们吃起来也更加的"安全"。

不过这么一说，技艺的部分又没了，其背后所蕴含的正宗性也消失不见。正如让大吉岭的茶叶都变得甜美的女性采茶工"魔术师般"的手指，她们劳作时所佩戴的象征着繁殖力的亮红色头巾，连同那让人不禁歌舞的田园诗般的工作环境，都无非只是"拟真"的表演和一种幻想㉝。还真应了太虚幻境石牌坊两边的那副对子：假作真时真亦假，无为有处有还无。

那究竟又是谁让我们如飞蛾扑火一般热衷于追求风土气息浓厚的道地美味呢？也许就是这个不断变小，又不断变大的世界吧，我这样想着。毕竟在全球化的浪潮中，每一种所谓正宗的食物都只是一件"未完成的商品"（unfinished commodity），它所承载的价值并非固定不变，而是在生产和消费过程中不断地被填充和书写㉞——而这个过程，自然缺少不了你我。

离开家乡以后，对故乡仿佛又多了几分陌生感。某次回长春开会，闲聊起长春的饮用水，被告知其实春城人民吃的就是黑林子卡伦水库的水。后来舅舅也走了，我以及舅舅的孩子们都很少回长春。近日旅居成都的二表姐倒是回去了一趟，外甥女说她五十岁的人了还像小孩一样拎了一堆吃的到蜀地，有冻柿子、香瓜、香水梨、菇娘、油炸糕、酥饼……唯独没有干豆腐。

第五章　金拱何处

今天（1924 年）一个人坐下来吃早餐，摊开爱尔兰亚麻餐巾，从一根中美洲香蕉开始这一餐，接着是加了古巴蔗糖的明尼苏达早餐麦片，然后以蒙大拿羊肋排和巴西咖啡划下句点。我们的日常生活就是一场环游世界之旅，如此令人惊异，却没有带给我们一丝激动。我们十分健忘。

——农业遗传学者爱德华·伊斯特（Edward East）

中国人崇尚"读万卷书，行万里路"。据说原本是劝学考科举的，现在却用来强调学习知识和增长见闻缺一不可。不过上了大学以后，除了还可以短暂放飞身体的公共假期，就只剩下读书这么一种方式来解放被困住的灵魂了。

某天在一篇学术文章中读到：某天两名志愿者买了一袋炸鸡翅去福利院里探望小朋友。鸡翅刚分到手里的时候，孩子们就狼吞虎咽地吃起来。可很快，也就有孩子把才吃了几口的鸡翅扔进垃圾桶……福利院的保育员阿姨见状赶紧劝解孩子们不要浪费食物。结果孩子反驳："这个鸡翅不正宗，不是肯德基的味道。" ❶ 这几乎是我第一次得知全球化和地方性竟然可以以这样一种方式联结起来。也难怪，现在的小孩子们早就熟悉了麦当劳、肯德基的味道。据传，汉堡包本是无良商人开发出来的廉价食品。当时，有一艘"汉堡—阿美利加"号邮轮负责运送欧洲移民到北美。为了赚钱省事，就把劣质的碎牛肉搅成肉馅，掺上面包渣和洋葱做成肉饼，夹在现成的面包里出售给顾客。这种食品就叫做汉堡❷。不过中国大陆受到了香港的影响，习惯称这种食品为汉堡包。在粤语里，典型的点心才叫做包——所以，无论再好吃，再有营养，"包"仍不足以构成饱餐的基础。这也就难怪当这种食品最初进入北京等一线大都市时，食客们最常抱怨的，是麦当劳的食物让人"吃不饱"——汉堡与薯条更像小吃，而不是正餐❸。

但无论如何，对于我们那个年代的小孩，麦当劳、肯德基都是好玩意儿，甚至条件允许的父母会把吃一顿正宗的麦当劳、肯德基作为孩子考试成绩提高的奖励。母亲单位的同事就实现过这样的允诺。据说那位阿姨特地坐了长途大巴去长春买了来，孩子吃着已经完全冷掉的汉堡包和软趴趴的炸薯条，还是异常开心。

美国牛肉面　　一度我不明白早就过了最佳赏味时间的食物为什么还有人甘之如饴，更不理解以麦当劳、肯德基为代表的洋快餐背后所蕴含的文化含义——直到家乡开起了第一家传说中的"美国加州牛肉面大王"——用今天的观点来看，大概可以称为伪洋快餐。

"美国加州牛肉面大王"我其实早就吃过。比如去姥姥家，一旦没赶上去长春南站（当时还叫孟家屯站）的通勤车，到了长春站就总要先填填肚子再走。在那个年代，"美国加州牛肉面大王"的红底招牌和大玻璃窗总是让人有一股想走进去一探究竟的冲动❹。果真有一次，父母大概也萌生了这样的念头，那竟成为我和伪洋快餐的第一次亲密接触。依稀记得店内的装潢很干净，只是价格贵，而且吃的东西并没有什么特别：无非一碗热面条，撒上一些牛肉块。牛肉倒是非常软烂，和家里炖的感觉总是不太一样。可惜面条也太软了，吃起来像煮久了的挂面，让人不由得生出厨师没有好好用心的猜疑。汤底有一股浓重的酱油和卤料的味道，还漂着两片大大的老姜……也许是我吃到的"美国加州牛肉面大王"并不正宗❺，总之那个味道根本配不上它标称的价格。我把这些惨痛的就餐经历一五一十地告诉了同学，但没吃过的还是要坚持去吃一下。回来还特地告诉我，面的味道并没有我说得那样不堪，甚至很多人根本就没注意到味道。大家谈论的话题总是店内的装潢比我们的食堂不知道高级多少倍，以及店里那个大玻璃窗简直太棒了。坐在前面吃一碗面，简直就像国旗下讲话，居高临下。

作为一个人们常说的"别人家的孩子"，国旗下讲话对我而言并不是什么新鲜事。尽管每次都要牺牲个人的娱乐时间写稿子，但我知道能获得国旗下讲话的资格其实是莫大的荣誉。学生通常需要在学业和品德上取得较大的成绩，才有资格站在国旗下代表所有同学发言。无论是小学、初中还是高中，我们的"国旗下讲话"，都并不是真的站在字面意义上的国旗下方。相反，被赋予讲话资格的同学总是站在一个一人多高的讲台上，和校长、老师每次有重要的事情宣布时站的位置一模一样。我知道，那种自我居高临下的感觉源于他者的艳羡的瞩目甚至是品头论足。不过和国旗下讲话不同，吃一碗牛肉面不需要品学兼优，需要的只是家长大方赏给他们的人民币。我百分之百确定他们中没有任何人去过美国，但通过电视大家都知道了那个地方是"天堂"

也是"地狱"❻，是一个一般人去不到的地方。食物本身是否具有异域风情已经不重要，只要招牌上有"美国"两个字就够了。正如阎云翔所说：

> 在北京人的眼里，麦当劳代表了美国文化与现代化（modernization）的承诺……当时，认为麦当劳提供了既营养、又科学烹饪的健康食品的观点，被中国媒体和大众普遍接受……麦当劳吸引人的地方不是它的食物，而在于它提供的体验……是为了满足自己对美式饮食和文化的好奇心。❼

在我们上学的那个年代，家里人很少带我们去店里吃饭，去了也自然是大人点菜。一方面他们的确是见多识广，不会点到菜品里的"雷区"；更重要的是，成本也相对容易控制。可"美国加州牛肉面大王"以及后来各种真真假假的洋快餐，都是要和同学一起去吃的。为了不让自己的孩子在吃的问题上感受到额外的同侪压力，家长貌似除了乖乖给钱也没什么其他的办法。尽管和所有的快餐一样，"美国加州牛肉面"的菜单也并不长。但是大家还是乐于在此期间做出自己的选择：大碗还是小碗，牛肉、牛腩、肉酱还是鸡丝，甚至葱花和香菜的偏好也要事无巨细地告知服务员。服务员和颐指气使的父母不一样，总是安静地微笑、记录，然后不多久就给你一碗你想要的东西。那种平等的感觉，似乎只有在父母禁止他们光顾的学校门口的小摊贩那里才能找到❽——何况窗明几净的店面比露天的街巷不知道要好多少倍。那个时候并没有智能手机——否则这个"陌生的、非常规的、非家庭化的场所"连同大家从心底里绽放出来的笑容一定会成为朋友圈的焦点。

大家也就是去吃过，然后利用午休、课余的时间和小伙伴分享。不过当几乎所有人都具备了谈资而观众不足时，风潮很快过去。"美国加州牛肉面大王"就也变成了知道在那里，但永远都不会去吃的店。但接档的也一定是欧美特别是美国的新餐饮噱头——正如大贯惠美子所说，

> 人类学家丹尼尔·米勒（Daniel Miller）……指出……"全球"是复杂的概念，它甚至包括了起源于非洲和加勒比海岸的事物，诸如"基督教黑人教堂、迈阿密的名牌乃至青年音乐"。但实际上，人们一说起 "全球文化"，往往指的就是欧美文化。显然，在全球和地方的文化交流过程中，并非所有的社会都是平等的。❾

果不其然。当号称是来自美国得克萨斯的炸鸡品牌德克士进入家乡以后❿，再次引发了学生族的强烈追捧。只不过那个时候，我已经到北京求学，无法一睹盛况。

吃垮必胜客

可惜到北京的时候，麦当劳、肯德基也不那么流行了。毕竟在这种巨型都市里，有更多的东西能够代表美国文化。甚至连三里屯都不用去，校园里特别是隔壁的语言大学里黄头发、蓝眼睛的外国人更是随处可见。作为一所传统的留美预备学校，这里的很多同学早早地就在准备托福、GRE，准备真的去美国见识一下。而我们这种懒到只想保研的，大四没了课就整日想着跑到学校自营的美式快餐店去打牌。快餐店的食物

和装潢与典型的洋快餐并无二致："汉堡＋薯条"是主菜，加上可以随时居高临下的大玻璃窗——除了餐厅的名称和不提供免费续杯的咖啡，你甚至可以暗示自己这真的就是麦当劳了。不过打牌的人更关心的显然并不是这些，甚至真的打到兴起就一起约个必胜客。

必胜客进入北京的时间据说比麦当劳还要早，只不过学校附近没有对我们来说就相当于不存在。同样，必胜客从什么时候开始提供沙拉塔这种"一次性自助"服务已经不得而知，反倒是网络上"教你如何吃垮必胜客"的一则帖子想让我去一探究竟。

> 我们去必胜客的口号是："给我一个小碗，还你一个奇迹！"
> 我们叠沙拉的宗旨是："没有最高，只有更高！"
> 我们吃必胜客的目标是："吃垮必胜客！"

帖子这样写道。为了打消大家在道德上的负罪感——毕竟堆那么一碗沙拉四五个人都吃不完，的确有点浪费——帖子在一开头就引用了颇具时代性的语言告诉我们，"思想不解放，肚皮就不能解放"。而且堆沙拉塔并不是一个单纯的占便宜的经济行为，而是要体现出中国人的技术实力。没错，是技术。仿佛不好吃的胡萝卜条和黄瓜片就只是钢筋、混凝土，而浓郁到让人发胖的沙拉酱就只是水泥。除了帖子，还有一位自称"IT民工"的人用实验报告的形式写了一份《必胜客（Pizza Hut）沙拉塔的堆叠方案分析》[11]，在网上广为流传。于是，百无聊赖的大四学生就这样成群结队地跑到必胜客排队、占座、堆塔，不亦乐乎。与学费和生活费比起来，二三十块钱的沙拉塔其实并不算大花费。而且每次我们也都将吃不完的沙拉塔打包回来，以减轻道德上的负罪感。尽管经历了美军轰炸中国驻南斯拉夫联盟使馆事件❶，但我们个人与美国也并没有什么深仇大恨，只是觉得沙拉塔是一个好玩的游戏，正好有大把的时间就去偶尔玩一下。然而到了2009年，必胜客的母公司百胜中国突然宣布取消自助沙拉。很多网友戏称是不是真的由于自己"贪得无厌"的堆叠，吃垮了必胜客。但不解和失望之余，更多的人会趁着沙拉塔还在的时候再玩一次。

可真的只是一种游戏感觉在作祟吗？试想倘若是全聚德在推广类似的活动，我们大概不会去玩。甚至连试着在脑海中勾勒出在全聚德里堆沙拉塔的画面，都觉得哪里怪怪的。说到底还是全球化，还是美国化！

我上大学那年正值中国正式加入WTO，高考刚结束就又收到申奥成功的好消息。流着泪看电视，和里面欢呼的人群一起激动、雀跃，深切地感受到祖国距离世界舞台的中心更近了、更近了。不过进入校园，那种感觉似乎又被两点一线的单调生活所冲淡。直到身边的同学或是出国，或是去外企找工作，甚至直到自己到了求职的关口才发现：原来大批的海外归国留学人员（简称"海归"）正在"抢夺我的饭碗"❸，而且很多地方政府甚至专门为吸引"海归"提供了大量的优惠政策❹，才又如梦方醒——原来全球化一直都在我身边，正如麦当劳、肯德基、必胜客等洋快餐一样。

2008年5月12日，四川汶川发生了里氏8.0级特大地震。面对这一突如其来的巨大灾难，举国悲恸，并迅速在全国掀起抗震救灾捐赠风潮。不过仅仅在地震一周后，一个"国际铁公鸡排行榜"的帖子广为流传：

在中国发大财而又不捐款的国际铁公鸡排行榜：可口可乐、肯德基、麦当劳、诺基亚、LV、大金、宝洁、摩托罗拉。如果你有良心，共同抵制，相互转发！

帖子末尾，帖主还号召大家不断更新。迅速地从网络上的口诛笔伐转向了消费者的身体力行上。在四川南充、攀枝花，陕西西安，山西运城等城市，麦当劳、肯德基遭遇了不同规模的围堵——四川南充市一家麦当劳餐厅聚集了上百人，抗议麦当劳不捐款。餐厅的门口，被贴上了超大打印版的"国际超级铁公鸡"……有人将榜单做成标语，贴在麦当劳的橱窗上，并注明："凭你的良心，互相抵制！向灾区的遇难同胞默哀。"当时正在南充市一家麦当劳餐厅就餐的顾客都吓得不敢出来，双方隔着玻璃门与随即赶到的警察，气氛紧张得像挨着火药的汽油罐 ⑮。好在在北京并没有发生这样大规模的抵制活动，最开始还在这样暗自庆幸。后来就觉得越发奇怪，明明很容易查到 5 月 12 日地震当晚百胜餐饮集团（肯德基、必胜客母公司）就已决定捐款 300 万元，5 月 14 日麦当劳也宣布捐款 100 万元……为什么大家还要抵制，他们在抵制麦当劳、肯德基时，又是在抵制什么？

我不明白。直到暑假回家，母亲和我谈起家乡玉米种植品种的变化，才恍然大悟。母亲毕业后，先是分配在农业技术推广部门工作，后调入种子公司，又在中国加入 WTO 的大潮中光荣下岗，成了那"200 万"分之一 ⑯。好在母亲幸运地再就业，还是做玉米种子的老行当。母亲告诉我：在 2004 年的时候"懒玉米"⑰ 郑单 958 还是吉林绝对的主流品种，可美国先锋公司的先玉335来了没两年就马上占领了几乎全部市场。妈妈的工作显然并不是这次和我谈话的重点。话锋一转，母亲一脸严肃地提到，以后吃玉米要小心，先玉335包括国内那些个"套包"[18]和模仿的都是转基因。她们做这个生意的都知道，转基因的种子连老鼠都不吃[19]……还没等我分辩，母亲就忙着教给我辨认的方法。

从母亲那得知，先玉335是一种可以让人更懒的"懒玉米"。按国标规定，种子发芽率需要保证在85%以上。不过只要达不到100%，就需要一次至少种两颗种子，然后再通过人工的方式把多余的间苗剔除，依然还是要耗费一些人力成本。先玉335就不一样，纯度和发芽率都可以做到100%。因此就可以做到单粒播种，一次齐苗。而且株型整齐划一，叶型毫无二致，大片玉米像一个模子刻出来的……我知道那是一种福特主义的美感，正如麦当劳中央厨房的滑槽里不时滑出来的汉堡包一样。可在农民为这样的技术变革欢欣鼓舞的同时，研发—生产—推广—销售全链条上的诸多企业、个人却难逃被时代舍弃的命运[20]。除了谣言，他们还有什么方式可以表达自己的不满情绪和无力感呢[21]？我想不到。因此站在麦当劳的大玻璃窗前发起抵制的人们，大概也是生命中遇到了如此的艰难，亟须一种投射、一种发泄吧。如同近一个世纪以前国货运动中的人们，只是把：

> ……期望投射到商品上，诸如建立反对帝国主义、反对国家分裂、经济富强、自给自足的民族国家共同体，最重要的是，在不向帝国主义经济入侵投降的情况下，尽可能追求一种"摩登"的生活方式[22]。

但和前人不同，制造和传播转基因谣言的农民并不是单纯的消费者和爱国者。身处社会底层，他们也只是想保留最低限度的体面。

另一个世界

阎云翔说，中国的父母总是"希望孩子们能实现他们年轻时的梦想"。因此，才会用各种方法"鼓励孩子学习各种现代社会的技能（钢琴、电脑……）并省下钱来满足孩子对现代食品、衣物、玩具各方面的需求。即使孩子们已经到大洋彼岸留学，父母们依然如此"[23]。在这个意义上，我的家庭抑或是因为我所在的城市，大概是个例外。

不过当我步入北京的那一刻，一切就都改变了。和其他人一样，麦当劳、肯德基仿佛成了我一个默认的就餐选项——特别是当去到陌生的城市，如果没有当地朋友推荐的特色美食，这些个洋快餐总是一个安全的"次优选择"[24]。所以世界根本不可能是平的，偌大的中国也是一样。只是这些麦当劳为代表的"标准化的极致典范"才让世界看起来平坦。正如弗里德曼坦陈：他吃过14个国家的麦香堡，"味道真的都一样"[25]。

一样的口味，才给了身处不一样环境中的人们追求一样的梦想。

在中国西南方的偏僻地区，我（葛凯）好奇地向民宿主人询问，有没有听过麦当劳和炸薯条，会不会想去麦当劳吃炸薯条。民宿主人觉得我的问题很可笑，因为大家从电视广告上都知道麦当劳和炸薯条。虽然他自己对麦当劳的餐点没兴趣，但是他的女儿可不这么想。民宿主人的女儿对所有品牌都能朗朗上口，肯德基广告带给人们希望也帮民宿主人说服女儿，前往离家八小时车程的

金　拱　何　处

生活得久的朋友总免不了善意提醒。比如我就是在室友的强烈安利下，去到了波士顿著名的大力水手炸鸡（Popeyes）[29]去一探究竟。和麦当劳、肯德基大量使用儿童容易咀嚼的肉糜不同，大力水手炸鸡的鸡肉是一整块的，据说也经过了提前的腌制和按摩，再裹上厚厚的面衣，炸出来是外酥里嫩的效果。而且炸鸡一定要配着店里自带的小饼（Biscuits）吃。小饼同样是外壳酥脆，内芯松软，油而不腻。不过相比之下就餐环境却没那么理想：一家在红袜队球场旁边一个半地下的房子里，一家就在东北大学的食堂——显然除了来吃饭（更多的情况是外带），什么别的事情都做不了。可能是由于价钱便宜，来光顾的多数都是有色族裔、穷留学生，还有就是饥不择食的球迷。店里的服务员也大多是有色族裔，也许是因为总是有小时工过来工作，"笨手笨脚"的他们总会挨店长骂[30]。

和为了好玩要"吃垮必胜客"的我们，或是为了利益要编造"毛人水怪"谣言的人一样，只能在快餐店里找到工作的边缘群体除了集体抗争，更通过另外的方式表达着自己对于这个世界的意见：偷拍后厨，在个人社交媒体上发表视频并表示其肮脏和凌乱程度令人咋舌，而后离职……几乎就是他们能做的全部。麦当劳当然是逃不过的政治标靶，大力水手炸鸡也不例外。正如华琛所说：

> 对于人类而言，食物是最重要的产业。饮食习惯一旦变化，人们的身份认同也会改变，乃至受到威胁，尤其是牵涉到美国公司时……在任何一个搜索栏中打"McDonald's"，就会出来一连串反企业、反资本主义、反肥胖、反全球化、反动物虐待的网站。

要是把这些都浏览个遍，估计得好些天……[31]

不仅如此，华琛还敏锐地观察到：麦当劳之所以被广为诟病不仅是因为无良地提供了油炸过的肉片、马铃薯，以及含糖的饮料和冰激凌圣代，更是因为"它洁净、安全、有空调，且相对安静"，还"提供热食"。因此是"家一般的魅惑，再加无人能抵御的食物"才让它成为众矢之的[32]。既然是家，又怎么可以不好好地保护家人，烫伤了还只给蛋黄酱涂涂呢[33]？

　　说到底就还是身份政治：如果想体验一下美式快餐文化，大方地走进麦当劳、必胜客或是任何一家流行的美国餐厅，像其他的消费者一样点一份（快）餐，坐在大玻璃窗前慢慢吃完，这个即时性的角色扮演游戏就完成了。如果只是想单纯地消磨时间，点一杯可以续杯的咖啡或是堆一个并不好吃的沙拉塔，甚至在不繁忙的午夜时段单纯地去坐坐就是最好的选择。相反若是为了借就餐或者不就餐表达自己的利益需求或是爱国情感，吃垮或是抵制都情有可原。所以关键的还是我们把自己看成谁，我们又把麦当劳、肯德基和必胜客看作是什么地方。想明白这些，得知天津的必胜客主题餐厅"Pizza Hut Bistro"又开启了沙拉塔的游戏，也便再没有动力坐个高铁专程去堆。

　　甚至和麦当劳、肯德基也渐行渐远了。一次出差坐高铁，正好赶上饭点。怕在座位上味道太大，就拿出早已准备好的方便面跑到车厢的连接处站着吃。"小伙子你吃得真香啊"，一位保洁大姐和我攀谈："现在12306方便了，还可以订麦当劳、肯德基吃……只是有点贵"。"送上来就不脆了，口感不好。而且有一次订了还没送到，后来就学乖……"

我说："大姐你们常订这些个吃吗？"大姐告诉我，她们签的是劳务外包合同，并不属于高铁集团。为了省钱，在车上的餐食基本就是馒头、咸菜。回到单位宿舍煮白菜豆腐,那才叫一个美味……大姐看我吃得香，还是忍不住转头问了一下旁边的同事："要不咱们吃面条？"同事的头摇得跟拨浪鼓一样："方便面我都吃恶心了……还是馒头吧。"

卷曲的面条还在机械地送到嘴里，表情却僵住。可能是因为面汤很热，或者是说了"何不食肉糜"之类的混账话而羞耻,脸上觉得很烫。不过却也最终明白与其关心身份政治，更应该关心是什么让我们获得或者不能获得某种身份的结构性力量。大姐看我脸色凝重，赶紧上前安慰："我们都吃习惯了，而且这份工作挺好的，虽然挣得少……但一旦家里有事，就马上能回去——和别人调个班就行。"

听了这话，我赶紧逃回座位，看着窗外渐渐模糊凝重的暮色，试图去遗忘刚才发生的一切——"以后要不还是带个冷三明治在座位上吃吧。"

第六章

中堂，宗棠

一个陌生民族到头来会全盘接纳来自不同种族与文化的访客，并认为这个外来者和本地人并无两样。很悲哀的，这亦非事实。你顶多只能期望被当成无害的笨蛋……

——英国人类学家巴利（Nigel Barley）《天真的人类学家》

某次在横滨我参加一个国际会议，分论坛的召集人是圈内大佬。论坛结束后为了表示对大家积极参与的感谢，大佬提出一起聚一聚，地点是中华街的某家中国餐馆。心里顿时一凉。一来是日本的中餐同样可以来得非常高档——比如日本作家谷崎润一郎小时候就喜欢吃的偕乐园就是一家器具与庭园的摆设都很讲究，当然价格也不菲的中国餐馆——而且按照会议聚餐的传统必定是 AA 付账。一旦不是去高级中餐，味道又很难保证。横滨中餐的主流按理说应该是广东菜，当年来到日本时烹饪用语就改成了北京话❶，这么多年一定又经历了不少融合。味道……实在不敢想象。

以中国人的观点来看，中华街中国餐馆❷命名简直是过于随意了：或者是完全照搬国内名店的名称，比如北京饭店、重庆饭店，或是干脆标识一个地点了事，比如王府井、上海豫园（小笼包馆），要不然就是龙兴、龙城、金龙一定要带一个龙字，或者翡翠楼、万珍楼、景珍楼一定是装满了各色珍宝的楼阁……好在大佬选择的都不是这些。吃着奇怪味道的平民中餐，想着自己的荷包还安在，和同行们聊天也更开心了——只是也许大佬没注意到，在我们会场旁边的购物中心里，就有着同样的一家连锁店。不过这又有什么关系呢？也许在中华街，房子本身也会秀色可餐吧。

『吃房子』

中国本也有"吃房子"的传统。在广东，依靠单纯榫卯结构建起来的茶楼竟可以高达四五层，而且楼越高则价越贵。高楼里的桌椅、茶具等都是高档货，光亮照人，彰显出茶客尊贵的身份❸。可惜那些高档的地方我从没有去过，这大概也是那些个"趾高气扬的富商和士绅"非要跑到那去吃茶的原因。反倒是为了庆祝我的中国小室友找到了不错的实习工作，在波士顿去茶楼吃过早茶。茶楼里据说还保留着广式茶楼的风味——不仅是装潢，就连服务方式也是一样：坐定之后，服务员先会问你喝什么茶，有什么心仪的需要马上做好的点心。接下来就是等一辆一辆的点心车走到你面前，肆意地刺激着你拿过来大快朵颐的欲望。当然无论是茶位，还是单点或自取的点心都会按人头或者按盘子计费。

在北京最常见的并不是广式茶楼，而是港式茶餐厅。受到殖民文化的影响，和广东毗邻的香港更早地接受了西餐。茶餐厅里自然也少不了西餐，但其真正的特色却在于东西合璧。比如几乎每一家茶餐厅都会有传统的老火例汤，反倒是茶本身显得可有可无——当然，奶茶除外。我最早流连茶餐厅那会，北京的茶餐厅还不如现在这么火爆。心心念念的，无非也就是煲仔饭和避风塘系列的炸物。腊味本是一个非常古老的食物生产和肉食保存技术，而避风塘原本也是专门让渔船暂避台风的场所——这原本只是劳动人民的智慧和记忆。到了今天，反倒成了餐桌上的噱头。老饕们说，煲仔饭的精华在于锅巴，正如"避风塘"的功夫体现在炸蒜蓉上一样。没吃过的尝一下总会觉得新奇，就是怎么都想不到它们如何联系到香港，联系到西餐。我倒不是去尝鲜，主要是觉得这两种东西自己做起来太费劲。当然电饭锅也能做简易版的煲仔饭，但就是锅巴很难弄出来，弄出来也不是那个味儿。无奈最有名的那一家却离学校很远，倒两次地铁才能到达。店的门脸也并不大，门口却坐满了等位的人。陡峭的楼梯通往二层，上面还大大地贴着"小心碰头"的字样。座位也非常拥挤，却并不需要"搭台"❹，只是服务员得经常在椅子的靠背之间辗转腾挪。听说在广东地区，茶餐厅早在二十世纪九十年代就不惜工本，强调"西式"的豪华装修，天花板布满灯光甚至大吊灯，有的还摆设维纳斯之类西方美术雕塑❺。没想到来了北京，反倒变得寒酸起来。不过后来那家餐馆的确进行了改建，还在北京各处开了许多分店。部分分店还保留卡座，其他的则干脆改成了中式圆桌，或是更常见的方桌、木椅（凳）。条件变好了，甚至分店还开到了家门口，但却明显去得少了。避风塘太油，煲仔饭太甜腻，抑或者只是茶餐厅的陈设已经偏离了我心中熟悉的样子。

那茶餐厅就应该是什么样子？也许没有人会知道，它所代表的平民中式西餐本就是夹缝中生长出来的一个特殊产物。遥想西餐刚登陆中国时，一些头脑好的高档中餐老板开始想办法抢客源。与其彻底改弦更张，还不如挂英、法大菜的"羊头"，卖起了燕窝、鱼翅的"狗肉"。不过也不能什么都不改，总要要要身体驯化之类的把戏：客人来了，"首先要将椅子不太远且不太近地，恰恰好地拉出来，然后姿势正确地将身体置于桌子与椅背之间"❻。坐定之后，再刀叉伺候，吃鱼翅、燕窝这等中国胃熟悉的玩意儿❼。诚如文学家梁实秋所言："以中国菜为体，以大菜❽为用，闭着眼睛嗅，喷香的中国菜味儿，睁开眼睛看，有刀有叉有匙，罗列满桌。"❾

此类"吃房子"的"番菜馆"中，最出名的据说是上海的一品香❿。那一品香的菜品究竟有多好吃呢？即便坐进上海来福士的星巴克，曾经的一品香旧址，个中味道也只能靠想。民国的那么些文人并不正经地记录饭菜（或许也是没什么东西可记），倒是热衷于描画用餐环境：比如："刀叉件件如霜亮。楼房透凉，杯盘透光，洋花洋果都新样。"（《上海黄莺儿词》），或是："番菜原推一品香，门前真个好排场。堂官回说今宵热，上好荷兰水请尝。"⓫（《上海竹枝词》）。就连《点石斋画报》也是顾左右而言他：

> 番菜馆前有巴蛇数条，供人观玩，近又以巨金购一豹，豢养其中，有人往视，据云豹生不过十阅月，而大以如猁犬，嗥声如豕，伏笼中，啖以生牛肉，顷刻尽数磅，厥性类猫，投以圆物则玩弄不已，向人狞狞然小时了……⓬

茶餐厅自然是养不起豹子的，恐怕连巴蛇都养不起。于是就只能以牺牲陈设为代价拼味道、拼价格。尤其是味道，既然定位为西餐，还是要一定程度地满足中国人的猎奇心理。比如在食材上，大量使用中国小菜馆不大常用的牛肉来烹饪就是一个集中的体现。好在那个年代，只要把任何事情和爱国挂起钩来就天然具备了合法性——比如社会上早就接受了"为了国家强盛食用不耕之牛并不算是一种罪过，反倒是因为不食牛肉而无强健体魄抵御外侮导致民生潦倒才是一种罪过……"⑬——否则每次都要费劲去论证菜牛为何不是耕牛，人力资源紧张的茶餐厅也早就被拖垮了。

除了牛肉，胡椒和奶油也被用来大量使用以体现异域风情。不过中国人对胡椒的喜爱由来已久。早在公元二世纪，胡椒便自印度传入中国，主要是做药用。到了元朝时胡椒已大批输入，广泛运用于各种菜肴了⑭。在茶餐厅里，最能体现牛肉和胡椒完美结合的菜品是生炒牛肉饭。既然要生炒，牛肉就不能切太大块，相反要切丁，再用黑胡椒腌上个把小时再下锅生炒。其余的部分，和典型的中式炒饭别无二致。奶油这件事就更奇怪。比如好端端的吐司（香港人称为多士），非要加上鲜奶油烤再淋上甜腻的炼奶，取名"奶油多"。当然我们可以说中国人早早地就接触了乳制品，算是某种程度地回归传统。不过早在南宋时期，乳制品就已经变成了与其对峙的异族"敌人的标记"⑮。牵强附会地说奶制品是中国传统，也总有点奇怪。不过无论是在上海还是在香港，无论是叫茶餐厅还是别的名字，这些菜品连同提供菜品的中式西餐店，都存活了下来。只是没人会想到去那里"吃房子"——在这一点上，还不如大名鼎鼎的麦当劳、肯德基⑯。

将军菜

中国人对于味道的执着似乎是与生俱来的，所以即便跑到了国外又想吃中餐，也不会特地跑到中国城去"吃房子"。某次也是借着会议，一大群中国学者竟然在华盛顿特区

> "波西米亚人"这个名字选自亨利·穆杰的小说《波西米亚生活》……波西米亚人经常会选择不一样的用餐地点，来体现自己的不同……他们成为了纽约第一批"地下美食家"和"吃货"。❷

当时正值资本主义镀金时代的中期，城市中到处弥漫着金钱的味道。"波西米亚人"正是希望借助自己的力量建立起一套有别于财富的秩序体系。当他们尝试过中餐以后，惊奇地发现自己居然很享受这些饭菜——尤其是杂碎，这种本就是"杂七杂八的零碎东西"随意地拼凑在一起，原本还不可避免地包含了动物内脏，甚至在美国的中餐馆都没有一个统一的做法❷：

> 这顿饭不但新奇而且好吃，更不可思议的是竟然只需要63美分！❷

这就是他们向世人传达出来的信息：颇具异域风味的中餐不但美味可口，而且价格低廉。而这种信息也逐渐演化成一种力量，改变着整个社会对中餐的态度——大家甚至几乎都开始尝试炒杂碎了，而且每次美国人光顾中餐馆都点很少东西，花费50到75美分。相比之下，华人自己去吃每餐则需要花2到3美元。

"王老师您再不吃，麻婆豆腐就被我们吃光啦！"一位同学善意地提醒我。我赶紧尝了一口，唇齿间只有麻辣，却并没有"烫、香、酥、鲜、嫩、活"等几个层次。又尝了尝水煮鱼，可能同样是为了适应美国人的口味，抑或是为了避免顾客卡住喉咙后支付大量的医药费，原本鲜嫩的河鱼改成了无刺无骨的龙利鱼。味道同样是只有麻辣。

"说到吃，王老师是行家呀，要不您加一道菜吧。"看我面露难色，大家其实是按照中国人的点餐习惯让我加自己喜欢的菜。

"要不，来一个左宗棠鸡好吗？"著名的炒杂碎早已绝迹江湖❷❹，还不如来一道"世界上最著名的湘菜"❷❺，看看中餐能美国化到什么程度。

"哎呀，左宗棠鸡都按照外国人的口味做，你们就别点啦。"服务员小哥善意地提醒我们。

"不行，我们就是想尝尝……"小哥拗不过我们，只好悻悻地跑去下单。

等菜期间，我和大家讲起了这道菜的掌故。

好多人都认为这道菜和尼克松（Richard M. Nixon）总统访华有关❷❻。但实际上，左宗棠鸡只是一道随性改良的湖南菜。

　　原来蒋经国在担任"行政院"院长时，有次下班甚晚，带随从用晚膳，两人径抵"彭园"。此时宾客星散，餐厅即将打烊。老板兼大厨的彭长贵，突见贵客光降，但厨房无啥高档食材，拿得出台面的，只剩鸡腿而已。于是灵机一动，先把鸡腿去骨，再连皮带肉切成丁、块状，接着辣椒去籽，斜切成段，然后炸熟鸡块，捞起沥干。随即煸过辣椒，再下鸡块，加酱油、醋、蒜末、姜末拌炒均匀，最后浇淋太白粉水勾芡及淋麻油即成。成菜色呈红褐，馨香四溢，一看即惹馋涎。蒋氏食罢，惊为美味，便询此乃何菜？

彭老板情急智生，心想若无名人加持，怎显其身份高贵，便答此
乃左宗棠最爱吃的鸡菜，故后人称为"左宗棠鸡"。[27]

这种说法自然是难辨真伪的。因为杂碎的西部起源，大概也是同样的
版本：

> 一天晚上，一群喝得醉醺醺的美国矿工走进旧金山一家正准
> 备打烊的中餐馆。虽然厨房已经收拾停当，但餐馆老板为了避免
> 引起冲突，还是决定招待他们。他很快将厨房案板上的几碟剩菜
> 倒在一起，做了一道大烩菜，这就是后来名闻遐迩的炒杂碎。[28]

临近打烊，缺乏食材，灵机一动，再妙手偶得——只不过在左宗
棠鸡的故事里，人高马大、看起来气势汹汹的白人矿工换成了家族显赫、
看起来不怒自威的蒋经国。华人厨师永远是那么的温柔谦和，善于用
盘中的美食来化解一切可能的矛盾。

无论如何当彭长贵 1973 年在纽约曼哈顿东 44 街开设"彭园"时，
时任美国国务卿基辛格（Henry A. Kissinger）都偏巧成为这道菜忠实的
主顾，甚至还和彭长贵成了朋友。餐厅评论家鲍勃·莱普（Bob Lape）
在 ABC 新闻频道的节目中播放了彭长贵烹饪左宗棠鸡的画面后，短短
几天内，该电视台就接到 1500 多封来信，要求提供食谱。从此左宗棠
鸡声名鹊起，正式进入美国人的味蕾世界。[29]

故事讲完，正好左宗棠鸡也热气腾腾地摆上桌面。大家都非常捧
场地说好吃，只有我自己知道这味道竟然还没有当初我在纽约法拉盛

Who'll Chop Your Suey
When I'm Gone

中堂，宗棠

的小杂碎馆里 3.95 美元特价套餐（三菜一汤）里的左宗棠鸡好吃。大概是物是人非吧。好些人都觉得这道菜淀粉芡勾得太厚，酱汁又往往调得过甜[30]。但与我而言，这味道大概是能在海外找到的最接近家乡菜溜肉段的味道。若不细品，两道菜的味道几乎可以乱真，权可当作思乡的慰藉。不过说到家乡，当年鲁菜师傅闯关东、入东北，还是为了迎合俄国人的口味，才把原本咸鲜口的溜肉段愣是做成了酸甜口。

中国心　　还在波士顿的时候，听闻哈佛广场上著名的燕京饭店突然宣布停业。哈佛的校报《深红》还专门发文怀念，说经济学教授曼昆（N. Gregory Mankiw）也曾经常带学生去"燕京"吃午饭、晚饭。曼昆说："我光顾它几十年了……我会怀念它，怀念它美味的宫保鸡丁，怀念它宾至如归的感觉。"[31] 不过和大部分的中国学生、学者一样，我对于"燕京"的离去却并没有表现出如此的怅然若失。甚至很多人告诉我，正因为"燕京"就在那里，所以竟然一次都没有去吃过。我们显然是更倾向于自己带饭的，当然哈佛的很多午餐研讨会也提供比萨或者简单的冷餐可以果腹。无论如何，"燕京"这种中餐馆一道橙味鸡[32]都要卖到 10.50 美元，对于囊中羞涩的我们来说，实在是太贵了。也许是在美国也经历了大幅的物价变化，当我看到报道里写着 79 届的格罗西（Marina E. Grossi）竟然说"（燕京）刚开张那会儿，学生们可喜欢去了，午市自助餐有许多有意思的中式美食，价格也相当实惠"[33]——这一切恍如隔世。

是的，实惠。这貌似是中餐标签化的一个特征。早在耶稣会士杜赫德（Jean Baptiste du Halde）十八世纪写成的著作《中国人的礼仪》中，他就是首先被"中国人无可匹敌的烹饪手艺和低廉的制作成本"所折服：

> 中国人只用极简单的食材（如山东特产的大豆、大米和玉米等），就能做很多口味各异，既能让人赏心悦目又可大快朵颐的佳肴。[34]

旅居海外的中国人实际上也经常聚在一起，讨论为什么老外如此偏爱"假中餐"这种傻问题。讨论的结果还是实惠。而外带用的宝塔餐盒、附送的幸运签饼，连同签饼里写满的貌似富有东方哲学色彩的话（当然还有推荐购买的乐透号码）都是实惠的附属品。不过除了实惠也还有其他：

> 二十世纪五十年代，英国的城镇居民外出时仅选择在下榻的宾馆就餐，那里的伙食单调乏味，而去餐馆吃饭又会很贵，酒馆对于年轻夫妇或单身女子而言也并非理想的就餐地点。中餐馆恰好为人们提供了一个较为合适的就餐环境，不仅饭菜很便宜，还能满足西方人的猎奇心理，以上优点对年轻人，尤其是学生颇具吸引力。[35]

英国女性愿意去中餐馆的原因竟然和二十世纪九十年代初期中国女性更倾向于去麦当劳就餐的原因一样——可以最大限度地逃避道德非难的压力[36]。而逃避的方式竟然就是在传统单一的经济维度基础上，增加了新的信息维度——如同镀金时代的"波西米亚人"：我知道，你不知道；我尝过，你没尝过……于是在新的区隔体系中，他们便重新占据了让人感觉不错的顶端。于是除了实惠，新奇也成为一种新的力量不断地改造着中餐馆，改造着中餐。炒杂碎、左宗棠鸡、橙味鸡……旧的不断被淘汰，新的又不断涌现出来。

不过这样的中餐还是中餐吗？在国外偶尔去中餐店聚聚的我们也时常这样问自己。不过最有效的方式，还是在点餐前就表明自己的中国人身份。这样一来，老板或者会推荐自认为适合中国人吃的菜品，或是在美式中餐的基础上少糖轻芡，甚至连酱油都要少放。熟识的老板告诉我们，如果这样"白花花"地做给美国人，他们是不会付钱的。"奇怪的食物等同于奇怪的人"[37]。对于他们而言，我们就是那样奇怪地会在菜品里放很多糖、淀粉和酱油的怪人。

诚然大部分旅居美国的中国人并不是厨师出身，但那张中国脸仿佛就保证了他们提供食品的正宗性[38]。不过始终，中国人不可能像西欧的移民及其后裔在美国摒弃了各自旧的偏见和习惯，接受了新的生活方式，融合成为一个崭新的美利坚民族[39]。中餐作为一种食物，也不可能"加强族群内部的联系"从而成为"增进两个族群间交流最有裨益、最为简单的桥梁"[40]。中国人也好，中餐也罢，从中国分离出去，却尚未实现重新的聚合。如特纳（Victor Turner）所说：

> 所有的通过仪式……都有着标识性的三个阶段：分离、阈限以及聚合。第一个分离阶段包含带有象征意义的行为，表现个人或群体从原有的处境——社会结构里先前所固定的位置，或整体的一种文化状态或二者兼有之——中"分离出去"的行为。而在

> 介乎二者之间的"阈限"时期里,仪式主体的特征并不清晰;他从本族文化中的一个领域内通过,而这一领域不具有(或几乎不具有)以前的状况(或未来的状况)的特点。[41]

这也许是盎格鲁－撒克逊的文化传统使然:土生／外来(即自产原料对引进原料),或是中心／外缘(即主要食品对佐餐食品)的对立不可能如法餐或者中餐一样变得十分微弱甚至消失[42]。美式中餐的地位就只可能是"阈限",到头来中不中、西不西。而既然食物是一种密码,它进行编码的信息就是社会关系[43]。于是接纳和排斥、界限和穿越之间,也暗示着海外华人特别是时代旅居于唐人街的那些人的尴尬境遇。

一百多年前的"番菜馆"也经历了这么一个"阈限"的阶段。开始还在享受中菜西吃的快感,顶多用奶油和黑胡椒来调味。不过很快,这种"吃房子"的形式却被提供客饭的廉价简餐所打败,实现了经济上的聚合。这个经验也告诉我们:在"看不见的手"的作用下,新奇总是会臣服于实惠——如同哈佛广场关门大吉的"燕京"。记得在《深红》的报道里,一位把"燕京"比作瑰宝的霍维茨(Nathaniel B. Horwitz)先生,在采访中认为泰餐"辣屋"(Spice Thai)会取而代之。"燕京"也好,"辣屋"也罢,对于他们而言,并没有本质的差别。

可怎么可以没有差别呢?明明那是让我们寄托"中国心",而不仅仅是安放"中国胃"的中餐啊。就连和华盛顿一样被尊称为"国父"[44]的孙文在谈《建国方略》的时候,也是将中餐摆到了如此重要的位置[45]……想不明白。

直到有一天我在北京坐着出租车发呆。大概是由于前车突然变线让司机师傅不知所措，开始大骂外地人来了北京抢了他们的工作还没素质 ⑯……我有些尴尬，毕竟我也是司机师傅口中来北京谋生活的外地人。可北京这座城市，我在这生活的时间甚至已经超过了我在家乡的时间，那么我究竟是应该自称东北人，还是北京人呢？我可以凭我纯正的普通话和英语在北京工作和生活，也可以操一口东北话和家乡的同伴拉家常。当我们意识到，我们自己如同美式中餐一样，可以随着家乡和对象的不同而做出相应改变时，这个问题很快也就变得无关紧要了。不过既然都已经需要去品尝美式中餐的情形，同处"阈限"，不妨踏踏实实地接受美式中餐就是中餐——确认无疑。

第七章　吃得科学

烹饪革命是第一次科学革命：通过实验和观察，人们发现烹饪产生了一种生物化学的变化，不但增加了食物的口感，而且还有助消化。

——全球史家费尔南多—阿梅斯托（Felipe Fernandez-Armesto）

　　老舍说："秋天一定要住北平。天堂是什么样子，我不晓得，但是从我的生活经验去判断，北平之秋便是天堂。论天气，不冷不热。论吃食，苹果，梨，柿，枣，葡萄，都每样有若干种。"❶老舍说得没错，只是北京的秋太短了。还来不及品尝小白梨与大白海棠，或是良乡的栗子，嗖地一下，冬天就来了。每逢看到天气骤变，暖气又没来，母亲就要打来电话或者发来微信："穿秋裤了没，要不要我给你寄过去。"❷

　　母亲的良苦用心肯定是要等到离家千里才能体会。比如2015年的冬天在波士顿访学，恰好碰上了极寒暴雪天气，极怀念的就是母亲的秋裤。可惜波村不比北京。在当地室友的指引下，好不容易才买到一条不具备保暖功能的勉强穿着护体。于是，腿上的寒，便要全靠胃里的食物来驱散。好在 Trader Joe's 里有中式豆腐卖，就冻了炖着吃。除了不变的冻豆腐和白菜，其他食材倒是搭配得很随意：买不到羊肉就用肥鸡替代，没有芝麻酱就澥了花生酱调汤调汤❸……结果每次料理都搞得满屋子香气，室友探头探脑地想搞个究竟。我问："兄弟，你想尝尝新口味吗？"他总是欣然跑来和我聊些有的没的。

　　波村的天气没什么好聊，除了雪就是雪。于是就说到了我这道炖冻豆腐其实充分体现了中国阴阳平衡的养生理念。美国人自然觉得神奇，不过也不是十分理解。吃了我好几顿，才终于认定这种传统智慧和他们所熟知的健康管理差不多。我不置可否，只是捣鼓出新花样就一定记得喊他 ❹。

养生老汤

中国的养生当然不是简单的健康管理，不太熟悉中国历史和哲学的老外不太能够搞明白。也有例外，比如美国人类学家安德森（E. N. Anderson）早在二十世纪八十年代就已经注意到：

中国传统营养学建基于食物为身体提供元气的常识性观察。不同数量的元气包含在不同的食物中，因此元气表现为不同的形式。一些食物特别滋补；另一些食物，吃得过多反而会削弱身体健康。❺

但气又是什么？安德森只说不同于西方的活力论，就止步于此，看得人一头雾水 ❻。气在中国的宇宙观中，被看作是生命源泉的一种基本能量。人之所以会诞生并不是单纯的阴阳结合的结果。相反，上天一定要先馈赠一点点"元气"进入人体，人才有了维持生命和成长的动力，以及繁衍后代的活力。可惜气会伴随年龄的增长而减少。由于元气一旦消失就意味着死亡，从食物中获得元气便成为一个必然的选择 ❼。可能受到了西方体液学说的影响，中国人也喜欢把食物划分成热性和凉性，对应于将元气演变成世界上万事万物的动力——阴阳。相比之下，干湿的分类却被一定程度舍弃。不过如何划分，最核心的依据是身体感。所谓身体感就是依靠嗅觉、视觉及味觉等身体经验，来理解、记忆食物，甚至建构食物与个人／集体的关系。比如柠檬的酸和辣椒的辣分别对应于凉热两种性质，是因为吃酸会让人"打寒颤"而吃辣会让人"发热、出汗"❽。贵州人就特别喜欢酸辣这种搭配，再加上"甜"的鱼或者豆腐，一泻一补，以缓解一天劳作的疲惫。有趣的是相较于单纯的食辣，贵州人更看重百搭的酸。所谓"三天不吃酸，走路打捞蹿（趔趄）"。而且最正宗吃法，一定要用"米酸"来做酸汤：

　　苗乡家家户户都有杉木做的酸汤桶或酸汤缸，煮饭时多放些水，将刚烧开的清米汤倒入桶中，来回搅几下，天天搅，顿顿掺。放入木姜子提味增鲜。酸汤桶应防止污染而又不密封。经两三天发酵，变成鲜美、酸甜、纯正的酸汤。❾

　　贵州的酸和四川的辣一样，都是当地人民对昂贵的盐的一种替代。替代的背后自然是劳动者应对变动不居的生活的智慧。而我虽身在异乡，盐却无疑是相对于酸辣而言更容易得到的调味料，反倒是酸汤不好买到——更不能在一栋超过 100 岁的木房子里自己发酸汤。找了半天，才发现柠檬胡椒（citronpeppar）和心中那熟悉酸辣味的酸味有几分相似。于是就买来配了鱼片、豆腐片和西红柿，做美国版的酸汤鱼吃。不过做酸汤鱼的时候却从未喊过室友来尝。甚至做好了都不在饭厅，而是特地拿到楼上自己的房间里偷偷地吃，睹物思人。

第一次初尝这滋味，是导师请我们学生吃家乡菜。他出生于贵州印江，和我的父母一样，都是恢复高考后第一批被时代改变命运的大学生。从认识导师的那一天起，我就发现他从不养生——不喝酒，但其他方面几乎百无禁忌，特别是在刷夜工作的时候，可乐、速溶咖啡和卷烟一起上……实在累了才嚷着吃顿好的。不用猜，一定是酸汤。仿佛吃了酸，出身汗，就又元气满满。本来出国前还约好了回去一块吃，没想到他壮志未酬，63岁便撒手人寰，偏偏不巧我又在大洋彼岸无法回去吊唁……两年后，老人家正式下葬的时候，我去参加葬礼，在贵阳又喝了一次正宗的酸汤，始终不是记忆中的那个味道。不过后来回到北京，便再也没有勇气试做，或是探店。

　　也许正是导师的离去激发起了我持续养生的热情：保温杯几乎就不离手了，春夏喝点菊花、竹叶青，秋冬则饮普洱、单枞。在茶的基础上，后来又加上了"老火汤"，就用"贵者不肯吃"^⑩的猪脊骨做汤底：

　　　　性味甘、平。功能补阴益髓。《本草纲目》记载"服之补骨髓，益虚劳"。《三因方》用它"治三消渴疾"（包括糖尿病）。《随息居饮食谱》说它能"补髓养阴""宜为衰老之馔"。^⑪

　　不过却懒得买土茯苓配，一般就用鲜藕、海带或者黄豆调和一下味道。一个人的时候也不用砂锅，取一块猪骨加上搭配的食材，一起放在电炖盅里，晚上设定好时间，早上靓汤就煲好了。喝上那么一小盅，整天都元气满满。想想自己真是好笑。说是要好好养生，条件允许了可还是要随地取材，搭配的灵感也更多来自北京某家粤菜馆"例汤"

的做法。而且不同于正宗的"老火汤"吃法，即便在猪肉还没暴涨的时候，"汤渣弃之不用"也是决然不可能的。

广式的"老火汤"源于节约时间、精力与金钱的经济考量。最初是在提供"上汤"菜单的餐馆酒楼⑫，后来才到了寻常百姓家。不过不同于前者，老百姓煲汤是：

> ……源于物质匮乏时期形成的一种营养观念。尤其是经历过经济困难时期的一代人，对他们来说，只有将所有汤料的"精华"全部熬出来，能够连骨带肉地吃完，才算是一煲"靓汤"。⑬

不过从节约能源的角度，最应该发明"老火汤"的是东北。特别是在冬天取暖的时候，火炉就那样燃着，不煲个汤真的很浪费。然而东北却只有炖，并没有煲——仿佛那"棒打狍子瓢舀鱼"的丰富物产只有用大铁锅炖在一起才能显示出东北人的豪气。不过即便有了，也肯定不如广式的"老火汤"有名。毕竟改革开放以后，广东地区作为"窗口"成为整个中国的经济中心⑭。广东人的一举一动，包括从中国食药同源思想中脱胎的"老火汤"养生法，都得到了全国人民的效法。尽管从溶出成分及微量元素的分析来看，老火汤的营养价值不高，长时间熬煮以后对人体无益，长期食用还可能增加患病风险⑮。但大家还是选择相信广东人的判断——正如绿茶曾经一度是中国几乎所有茶叶的评判标准：以细嫩为好，老粗次之。但到了九十年代，广东人（当然还有台湾人和香港人）愣是把大树茶（古树茶）的云南普洱炒成了上等品种⑯——经济中心的示范作用是何等强大。

那我堂堂一个东北人为什么要信广东？想不出煲汤的新花样时甚至萌生过这样的念头。那我该信什么呢？是二十世纪五六十年代的"为人民服务，大公无私"吗[17]？的确一旦跳脱了单纯的经济逻辑，"老火汤"就没那么重要了。学生告诉我在园子门口就有一个民间协会每天给路人奉送爱心粥。奉粥结束之后大家还要相互分享心得，"触发每个人内心最真实的境界"[18]，感觉很不错。但对于吾等"寝处不时，佚劳过度"几乎不可避免的青椒[19]而言，"人有三死，而非命也，人自取之"中的两条已经做不到。要是再不努力克制"饮食不节"，恐怕真的要"疾共杀之"了[20]。的确，面对不可抵抗的社会变迁，规律饮食貌似是我们为数不多的可以控制的方面。无论如何，有了电炖盅煲，我一顿早饭都没有落下过——"老火汤"自然是主角，各种养生粥也不时来串场。

低温慢煮

但人总有想偷懒的时候，只是胃不饶人。除了几乎每次去都要排队的店里的例汤，超市货架上唾手可得的浓汤宝其实也是一个选项。

话说浓汤宝的雏形恐怕要追溯到德国化学家李比希（Justus von Liebig，1803—1873）。当时的南美和澳洲为了获得牛皮而大量宰杀牛群，牛肉这种副产品价格却十分便宜。但由于缺乏妥善的保存和运输手段，上好的牛肉还没等运到欧洲就坏掉了。李比希研究了牛肉高汤之后发现，如果用冷水加热煮牛肉，可以把牛肉的美味精华萃取到汤中，这样的汤浓缩之后，可以作为调味品使用。于是，李比希牛肉精公司应运而生，最开始还是卖浓缩肉块，后来就变成了类似于浓汤宝的高汤块——就是传说中的李比希牛肉精。当时每 34 公斤牛肉中可以提取出 1 公斤的牛肉精，李比希本人也靠这种闻名世界的产品名利双收[21]。

当时，中国的上流社会也有机会接触到牛肉精，比如李鸿章和恭亲王、醇亲王三人皆视牛肉精为"养老扶衰"的至宝。不仅李鸿章的幕僚吴汝纶盛赞"缘天下至养人之物，无过牛肉"，李鸿章本人甚至也坚持：

> 晚年颐养之品，只日服牛肉汁、蒲（葡）萄酒二项，然皆经西医考验，为泰西某某名厂所制成，终身服之，从不更易。牛肉汁须以温水冲服，热则无效，蒲萄酒于每饭后服一杯，以助消化。[22]

到了民国时期牛肉汁颐养的功效不胫而走，上海的药商们竟铤而走险创造出假牛肉汁，以及牛髓粉、牛骨粉来骗内地人[23]。料想今天生产浓汤宝的跨国公司倒是不会骗我，那为什么李鸿章就吃得，我就吃不得？不过真的拿了一盒猪骨汤的浓汤宝放在手里准备付账，看到配料表赫然写着：

> 水，食用盐，猪骨，食品添加剂（谷氨酸钠，食用香精，黄原胶，刺槐豆胶，5'- 呈味核苷酸二钠）……

就不敢看下去了，满眼的钠盐、胶体和增鲜剂吓得人如同见了活的李中堂大人——赶紧放回货架，买了真正的猪骨回家乖乖煲汤。暗想着，若是诚不我欺的李比希来做这浓汤宝，恐怕才真的会用牛肉吧。

和很多中国人一样，我也是在瘦肉精、毒奶粉事件以后才开始关注食品添加剂的。虽不觉得像一些业内人士爆料的"科普读物"描绘得那样危言耸听 **㉔**，总归还是养成了买东西看配料表的习惯。不过看了也的确不解决太多问题。一来食品添加剂的种类众多，作为一门专业知识还是有着一定的门槛。比如健怡（diet）和零度（zero）两种分别针对女性和男性市场的无糖可乐的配料表就只有细微的差别，普通消费者根本没办法分辨，最终还是只能依靠个人喜好随意选择。二来不含食品添加剂的食品几乎很难找到，就算是那些号称"天然"的东西也是一样。比如随处可见的"天然矿物质水"其实就是以城市自来水为原水，经过纯净化加工，再添加矿物质，杀菌处理后灌装而成——显然矿物质本身也就是一种食品添加剂 **㉕**。到头来配料表甚至变成了像"吸烟有害健康"一样，成了为观众表演的"印象控制"的社会戏剧的一部分——如戈夫曼所说："……不管它事实上是否正确，是阻止观众对表演者体察入微" **㉖** ——看得到配料表，总比看不到来得安心。起码于我而言，就是如此。

但是失控的感觉总是不好，于是又折回来在厨具上折腾。最初是用砂锅换掉了最普通的电炖盅，后来又用昂贵的珐琅（铸铁）锅换掉了中式砂锅。不过由于家里很少用烤箱，发现两口锅之间除了颜值，竟也没有什么本质上的功能差别。花了冤枉钱，心中难免十分懊恼。朋友听闻，赶紧过来劝解："老王你要不要试试低温慢煮？"还没等我回复，一个海外购的链接已经丢过来——其实只是一个浸入式循环烹饪棒，可以设定温度和时间，通过支架挂在锅边上，预计有加热和循环两个功能。不过汲取了珐琅锅的教训，这次并没有很快出手，而是先大量查阅文献、帖子以免花了钱又薅头发。

低温慢煮（Sous-vide）又称"真空烹调法"（under vacuum），顾名思义就是把食材装在真空包装袋里用其适合的温度和时间，在水浴里炖煮到刚好煮熟的程度。当然适合每一样食材的温度和时间，需要经过严密的科学计算[27]——或是偷懒在手机上下载一个诸如 Sous Vide Toolbox 的 app，一查便知。据称，低温慢煮的一个最大的优点就是嫩。比如此前提到的本尼迪克特蛋需要用到的水波蛋，如果不嫌耗时，就完全可以用低温慢煮的方法做出完美的溏心。更值得用低温慢煮的显然是肉排和鱼类。由于食材和调料一起放在真空袋里，水分流失肯定比普通烹饪要少得多[28]。考虑到小菘的辅食要求，这一点倒是十分吸引人。现在唯一的困难貌似就是厨具价格太贵了。不过热心的网友总有一些意想不到的好办法，比如实验室用的恒温水浴锅也就两百多人民币的样子，再配一个不到一百的鱼缸循环泵就齐活。还有说干脆用足浴盆就可以，一体化设计同样不到两百。

"西冷牛排—— 59.5℃ 45 分钟，鸡腿——64℃ 1 小时，鸭胸——60.5℃ 25 分钟，羊排——60.5℃ 35 分钟……三文鱼——59.5℃ 11 分钟……"反复翻看了好几遍低温慢煮的食谱，发现烹饪温度都没有达到巴氏消毒法（Pasteuriration）所要求的 68℃—72℃[29]。突然明白了用真空袋包装食材的另一个含义，除了防止水分流失，更大的功用恐怕在隔绝细菌上。但不能经过有效的灭菌，食材里原本就带有的细菌还是留在食物里面。难怪低温慢煮之后，一般食谱还会推荐一个二次常规烹饪的环节，比如牛排可以再烤一遍，用常规的烤箱或是时尚的喷枪，

肥成了很多人轻断食的核心动力。这些人不仅断食，还要把自己的经历写在"知乎"和微信朋友圈里和大家分享。

我就有这么一位爱分享的朋友，是有六块腹肌的男生。他开始尝试轻断食，起码已经是三年前的事了。和大多数人一样，轻断食的目的是为了达到自己设定的目标体重，并把自己的腹肌练成加强型的八块。因此和那些最怕肌肉长出来的女生不同，我那位朋友在断食的同时还不忘进行体育锻炼，跑步机、推哑铃、俯卧撑是家常便饭，甚至断食的时候，读书也要设定一个目标，每天必须完成多少页的阅读任务——所有的计划都要在朋友圈提前公布，仿佛有人监督他一样。按理说，轻断食最需要对抗的就是饥饿感：

> 断食者说他们感觉到的饥饿是一波一波的，肚子不会恼人地咕咕叫个不停。那是一种另类的交响曲，而不是节节上升的真实恐惧。将肚子的咕咕叫当成好兆头，视它为健康的使者。[33]

不过据我朋友说，饥饿感这种东西是不存在的，甚至身体也没有给他任何负面的感受，清清爽爽，甚至皮肤都更好些了。"都这么瘦了，为啥还断食啊？"我这样问他。他说："断食……是对人本性的一种对抗，是一种修行。"

我有些懵了。原本肥胖的概念包括界定肥胖的标准都源自西方世界的经验。在现代化的洪流中，中国这个曾经以"富态"为美的地方竟也逐渐变成了随意谈论肥胖的国家[34]。其实和我那位朋友一样，包括我在内的很多人都会注意身材管理，顶多也就是跑跑步、游游泳。

而且管理的目的无非是尽量减少和肥胖有关的突如其来的疾病，可能给自己和家庭所造成的风险。但是能做到他那个程度就太不容易了：明明按照世俗的标准，他的身材已经是正常，但还是要坚持断食、锻炼和阅读。直到某天他在朋友圈提到了辟谷。

所谓辟谷就是不食五谷。本来不食五谷（包括不吃熟食）是野蛮人的象征，如《礼记·王制》所言：

> ……五方之民，皆有性也，不可推移。东方曰夷，被发文身，有不火食者矣。南方曰蛮，雕题交趾，有不火食者矣。西方曰戎，被发衣皮，有不粒食者矣。北方曰狄，衣羽毛，穴居，有不粒食者矣。

但正因为"社稷"一词本身就是农耕社会中国家的代名词，谷物就变成了"文化的自然、完整的人类社会的象征和总和"。不食谷物于是就和在实验室里从事科学史实验的自然哲学家一样，成为逃避王权统治的一种存在。他们不食谷物，却饮风吸露。成功的实践者不仅可以纯化身体，甚至可以达到"形解"，升到高处，成为不需要血食供养的仙，于天地一样恒久，不会死去[35]。所谓：

> 食肉者勇敢而悍，食谷者知慧而夭，食气者神明而寿，不食者不死而神。[36]

修仙一定要在山里，就是传统上被人认为是野兽出没、灵怪潜伏的地方。但也正是在那里，人们才可以"躲避集权化的官僚统治"，那里成为"逃离平原之后的藏身之处"[37]。正如人类学家斯科特（James

Scott）所说：“谷地往往普遍种植单一的水稻，而大量森林资源和开放（open）的陡坡地都使得山地可以比谷地有更多样的生存方式。”[38]

> 他们喜欢种植块根作物（比如树薯／木薯、山药和红薯），这些作物不引人注目，可以从容收获。基于他们居住地在多大程度上是安全的，他们也会种植一些更持久的作物，如香蕉、芭蕉、旱稻、玉米、落花生、菜瓜和蔬菜，但是这些作物更容易被抢劫或毁坏……他们吃掉那些不安静的公鸡，以避免它们的鸣叫暴露他们的行踪。[39]

大量地种植以木薯为代表的块根作物，让山地人民可以避免自己的劳动成果被国家所监视和征用，逃避了奴役、征募、赋税、劳役、瘟疫和战争，从而可以在一定程度上摆脱被控制、征收和从属的地位。不过作为代价，“他们原来有文字，或者丢失了，或者被偷了”[40]。逃避的原因就是为了避免不断扩张的帝国的压迫：

> 在固定耕地上种植农作物受到国家的鼓励，并且历史地成为国家权力的基础。反过来定居农业也导致了土地的产权、父权制家庭企业的产生，以及同样受到国家鼓励的对大家庭的重视。从这个角度看，如果没有瘟疫和饥荒的影响，谷物种植业内在的膨胀将带来大量剩余人口，这些人必然会移动到新的地区进行殖民。从长远的角度看，谷物种植农业是“游动”和侵略性的，不断地复制自己。[41]

不过斯科特也坦陈，那都是现代国家产生之前的事了。在现代国家中，国家权力已经完全退归成由科学专家所代言的知识装置。"生成性的权力（generative power）……是无法逃脱的，它永远都在那里，总会有这样或那样的权力代理使之成型并起作用。"[42]从这个意义上讲，就连养生也必然是政治性的——每个人更大的自由背后掩盖的是国家减少了对社会福利的支持[43]。那么我的朋友又在逃避什么？他真的能逃避吗？难道暴食、生病从而大肆挥霍国家福利不是更"好"的逃避的方法吗？我茫然却也不敢去问。直到我又想到了辟谷。

在中国辟谷的终极目的是为了修仙，仙原本应该是"自我放逐"的，然而：

> 很多修道者虽宣称自己拥有秘术、不问世务，但他们依然是可见的、人们讨论的对象……修道者仙术的神秘性本身就是引人注意的、令人好奇的东西，让拥有仙术的修道者能够赢得更多的文化权威。还有很多修道者，他们并不（或者只是不时地）隐藏在山洞或安静的小屋中，他们向大群观众表演生动的奇迹、讲述神奇的故事。[44]

所以到头来还是"印象管理"——是控制自己，更是控制自己个人的印象——和我穿秋裤、煲老火汤一样。只不过每个人都有他在乎的观众罢了：他自有他的原因；与我而言，穿了秋裤煲了汤，母亲就可以放心了。

第八章

居危思安

> 信任是重要的社会系统润滑剂。它非常高效，为人们省去了许多麻烦，因为大家对彼此所说的话有着基本的信任。不幸的是，信任无法随意买卖。如果你非得要买，则说明你已经对你所买的部分有了怀疑。
>
> ——美国经济学家阿罗（Kenneth Arrow）

友人从英国回来，约我去爬香山。香山是西山的一部分，一句"西山苍苍，东海茫茫"唱了小二十年的我自然无法推辞。山并不高，很快登顶香炉峰。友人手指东北香山会议中心的方向，兴奋地对我说："喏，你看，那就是传说中的香山农场。"

当时的我并不明白一个农场有什么好看，而且根本看不清。山上照理说只应该长蘑菇❶，抑或寻一寻那个中过翰林、当过总理却跑到深山老林里办慈幼园的熊希龄的别墅也不错。想着如果潘毅老师若活在那个年代，恐怕会批评他滥用学生工，不禁笑出声来❷。友人一脸问号：

"有什么可笑的，要知道，这可是给中央首长的食品特供基地！"

我的笑容的确就那样僵在脸上。特供，这是一个距离我的生活多么遥远的词，仿佛只有穿越到"一骑红尘妃子笑，无人知是荔枝来"的大唐才能见识到。看着我的囧相，友人旋即打起了圆场。

"你清也是特供单位啊，你们的食堂不还有自产的牛奶、酸奶和冰激凌。"

"原来特供离我这么近，"暗自感慨，脸上的表情却依旧僵着——"那个神神秘秘的特供，究竟是什么呢？"

特在哪？

好奇心一旦被激发起来，就像中了某种特殊的蛊毒。匆匆告别了友人，就赶紧回来翻箱倒柜地找资料。终于在一本北京的地方志书里找到了线索❸：

> 1949年3月，在原中法大学实验场（香山果园，即现在的农场局干休所）建立了一小型副食品供应基地，负责中央领导人的牛奶和蔬菜等供应工作。1953年8月，又在玉泉山附近购买了土地，建立了香山农场。1958年春，市政府决定将北京市西郊农场的巨山分场并入香山农场……1962年1月，香山农场正式更名为巨山农场。

原来，香山农场早在新中国成立以前就已经建立。提到中法大学，还是当年的北京大学教授李煜瀛为了维持其创办的生物研究所的运作，才在碧云寺开设了疗养院和农林试验场❹。试验场最初也只是种植葡萄、苹果和鸭梨等水果❺。后来结合了苏联专家的建议，才逐渐扩大种植品种。除了白薯和玉米，"各家日常用量较大的豆角、黄瓜、茄子、西红柿、油菜、青笋、尖椒、萝卜之类的蔬菜"，也是应有尽有。据原中央办公厅警卫局工作人员张宝昌口述，尽管农场理论上要专供副总理以上和部分老中央委员，但除了"五大书记"（毛泽东、刘少奇、周恩来、朱德、陈云）的需要能够完全满足外，其他首长只能按照"先来后到"，多则多给、少则少供等办法来解决 ❻。

最令人惊奇的是，作为一个特供基地，香山农场似乎并不排斥化肥和农药的使用。事实上，根据香山农场果蔬队的经验，"用牛马粪泡制粪水，和施用1%的液体硫铵"，以及"刮树皮，喷射药剂"都会取得良好的施肥和病虫害防治效果 ❼。甚至在很多时候，土洋结合成为香山农场运营的一个特色。比如尽管当初的苏联专家建议，农场"场地要大，物种要多，粮食、蔬菜、肉类、奶制品、水果要有专业生产区，办公区要独立，并且要有相应科研加工设备，牲畜用房要敞亮通风、讲究卫生、便于清扫。此外，还要有大小不等的硬质道路，完善的灌溉排水系统，绿化隔离带或围墙等等"。在兴建的过程中，还是因地制宜，决定"不在吃的问题上花大钱"：

> 人家想搞一流的模范农场，说明他们有学问、有知识，心是好的。但好心不一定就能办成好事。苏联工业发达，地方大、人口少、好办事，我们比不了。现在弄吃的，也要从中国的实际情况出发，先搞"土"的，以后有条件，再搞"洋"的。❽

土洋结合的一个直接的结果就是特供食品竟然出奇的便宜（当然在黑市上就不是那么回事了）——首长的饮食安全终归是要保证。保证的方法并不是苏联式的机器大工业生产，而是具有中国特色的精耕细作。不过按照当时的计划，香山农场仅保留了40人的编制。农忙时节人手不够，就抽调中央机关其他科室的干部到农场来劳动，"有计划地分期分批下去，在劳动生产第一线补上这一课"。坐惯了办公室的人每年来劳作这么 20 天，无论是身体还是精神上肯定还是有收获的。他们说：

> 只有自己亲历又脏又臭的积肥实践之后，才会真正懂得"没有大粪臭，哪有禾苗壮"的道理。也只有在这个时候，坐办公室的优越感没有了，相反，则是对劳动的尊重与热爱。

其实不仅仅是在农场劳作的工人，负责农场管理的中央警卫局，以及负责收购的局供应科都是政治上最可信任的同志。从这个意义上讲，渠道上的安全是食品安全的唯一保障。何止是食品，当初就连首长吸的卷烟也是要通过信得过的渠道来专供。卷烟制作组和前来取烟的中央办公厅负责同志或首长警卫员通常会各备一个本子，对换签字，纪律要求十分严格，确保万无一失。相反，即便是有那么一点差池的迹象，都要严格彻查。比如：

> 特供烟生产场是大车间里套小车间，常人进不去。一天上班，工人师傅发现电灯开关的拉绳不见了，不敢不报。现在看来是一桩小事，那时却认为了不得。省公安厅派 3 名刑侦人员驻厂破案，昼伏夜潜，未有结果。后翻拣房瓦，在老鼠窝里找到灯绳，事情才有了交待。❾

34 号供应处更是负责为党和国家领导人、外国元首访华以及类似国宴这样的重大国事活动提供安全的食品保障。比如 1972 年美国总统尼克松访华时，34 号供应处就几乎跑遍了大半个中国来准备食材。当得知美国人喜欢吃海鲜时，有关方面便决定准备新鲜的黄海鲍鱼备用。辽宁省长海县獐子岛人民公社的潜水队接到任务后，冒着零下 20 多度的严寒进行采捕，从中挑选出精品运到北京。不仅是食材上用料讲究，制作成品的过程也要经过严格的毒物化验和细菌化验。相关人员按照各自的分工，将食品材料逐一检验，做到"随到货，随取样，随化验"。遇到有紧急情况时，他们干脆就 24 小时盯在现场❿。

如今，特供制度的存在已颇多争议⓫，不过渠道安全的做法却始终在延续着。比如国务院所推行的"明厨亮灶"工程，就强调要"餐饮服务提供者……可通过视频直播的方式向社会公众展示，要保证就餐人员在就餐场所能看到展示的内容"⓬。

眼见为实。但事实又是什么呢？十七世纪英国皇家科学学会的自然哲学家们同样纠结这一问题，到头来想出的办法也只是将实验室的空间向公众开放，并让见证者和实验者一起"根据自己的信用而加以叙述"：

> 证人可信度的判断遵循了一套被视为理所当然的成规，以此衡量个人的可靠性和是否可以信赖：一般认为牛津教授的见证比牛津郡庄稼人的见证更可靠。⓭

中央警卫局（办公厅）也好，视频直播也罢，和早期的实验见证一样都是制度化地建立起渠道信任的一种方式——为了最重要的人。

为
了
谁
？

究竟谁才是你最重要的人？当考虑这个问题的时候，自己就已经不重要了。反正我是这样。即便了解到有特供这么一种特殊的渠道存在，依然不会有动力去尝试。依旧每天吃着号称同样是"特供"的食堂——那几乎是一定的，学校的后勤管理部门集中采购安全食品的能力还是可以让人安心——直到某天，小菘同学降生，情况便发生了改变。

接受了良好的产前教育，特别是选了一家爱婴医院❶，我和大花已经做好了母乳喂养小菘的准备。可万万没想到，还没出月子，大花由于伤口感染发起了高烧，奶一下子少了好多。混合喂养，似乎变成了不得不做出的选择。但"三鹿事件"以后，选择什么样的婴幼儿配方奶粉就成了一个难题。是进口还是非进口品牌？若是前者，是原装进口还是国内灌装？是爱尔兰、荷兰，还是澳大利亚、新西兰的奶源？是海外直邮、代购，还是平台官方旗舰店，抑或品牌母婴店？若是后者，是跨国公司在华设立的品牌，还是本土品牌？是哪里的奶源，哪里的灌装……无休止地问下去，却始终逃不出选择的牢笼。正如社会学家贝克（Ulrich Beck）所说：

整体趋势是生存的个体化形式和状况的出现令它迫使人们为了自身物质生存的目的而将自己作为生活规划和指导的核心。人们逐渐开始在不同主张间——包括有关人们要认同于哪一个群体或亚文化的问题——做出选择。❶

"社会与个体之间的关联方式发生了很大的变化，诸如失序等社会危机被认为是个体层面的问题，而不是（或者只有在非常间接的意义上是）社会层面的问题。"[16] 没错！明明是食品安全造成了社会信任的危机，使中国当下对制度、知识与陌生人都充满戒备[17]。但到头来，所有艰难的选择却都要留给我们。而且选择背后，无所不在的是由我们每个人独自承担的、微观层面的风险。我们将自己暴露在不断变化的复杂社会里，却找不到庇护所。咨询了很多人，也看了很多论坛攻略，甚至把《妇产科学》《育儿百科》等相关书籍都拿过来统统翻了一遍还是于事无补。我是指心中的那种焦虑——越多地收集信息，社会问题最终转嫁给个体的无奈和不满情绪也就越强烈。一些随即产生的自暴自弃的念头，比如还不如像自己小时候一样给小菘喂米汤，马上又被新的焦虑打败。

到了不得不选择的时候，我最终选择了某进口品牌——原装进口——爱尔兰奶源——平台官方旗舰店的某款产品。在一万个堂而皇之的理由背后，真正说服我的是它低廉的价格（当然从爱尔兰到某平台官方旗舰店的渠道也可以被视为安全）。毕竟无数的过来人已经好心地告诫我，小朋友喝奶粉的速度堪比点钞机。于是从结果上看，我的行为看似完全符合了贝克的预言：在反思现代里，个体化的我超越了民族国家的传统边界，成了具有世界意识（cosmopolitan outlook）[18] 的世界公民。但实际上，我知道，自己只是金钱的奴隶。

是的，奴隶。真正的世界公民总可以自由流动：借助流动的金融，享受流动的服务。但我全然不具备这种能力。在日本短期访问的时候，由于在那里并不能买到小菘常喝的奶粉品牌，就换成了本地掺了豆乳的婴幼儿配方奶粉 ⑲。没想到不但价格更便宜，小菘也非常喜欢喝。但离开日本就不得不又换回来——价格低的渠道信不过，渠道信得过的价格又高得离谱。我还是被卡在原来的那个地方，动弹不得。好在有各种的比价平台、比价插件能随时帮忙监控价格的变动。一旦价格值得出手，保质期又没问题，就果断下单囤货。为此，家里还开辟出专门的空间储存：排列的方式也参照了超市里商品上架的一般方法，保质期长的放在里面，不长的放在外面，随时取用。

奶粉和尿不湿的问题刚搞定，辅食的问题又来了。尽管部分辅食可以像海淘奶粉一样得到米粉、泡芙、磨牙饼干等成熟的工业化婴儿食品 ⑳，但中国家长又怎么可以像不负责任的美国人一样，随便拿盒凉牛奶冲一碗麦片就草草了事。小朋友入口的东西，我们都是费劲心力变着花样，力图做到营养健康、心意满满才可能安心。不过食材始终是一个问题：鸡肉怕禽流感，牛肉怕疯牛病，猪肉怕瘦肉精，鸡蛋怕苏丹红；就连蔬菜，也要担心各种除草剂、杀虫剂的残留……但是我们还是想到了一个突破口，就是稻米。虽不及日本，中国人对稻米也有着独特的情感。比如中国人说的吃饭，一定是吃以稻米为代表的主食——否则即便满桌珍馐佳肴，也权当没吃过 ㉑。于是，借助中国发达的物流系统，我们成了号称被康熙爷钦点贡米的公主岭大米 ㉒ 的搬运工。每次都是由父母亲去产稻米的南崴子镇亲自考察，无论是稻米本身还是商家的人品都要统统考虑，小心买好，再通过最稳妥的顺丰快递给我们。快递寄出了，还总不忘发一个单号过来，仿佛我们在接收的时候若不仔细比对就会出纰漏一样——像极了特供产品的流通过程。

没错，父母就是在复制那个总是犹抱琵琶半遮面的特供体系。不过由于父亲曾在公职系统工作，的确在特供的问题上比普通人更有发言权。我们那有一个卷烟厂，在计划经济的体制之下运行还不错。但一到了市场里真刀真枪地打拼，就相继遇到各种问题。厂里的人想出一个好办法，就是精挑细选做一批特供烟，然后请大家利用自己的人脉网络尽量送到重要的人手里。想着若能有一个人为卷烟厂赚钱，便可能有一线生机。父亲也被安排了送出两条特供烟的任务，然后他就想起了我，说："要不给你导师尝尝？"导师和父亲一样都是五十年代生人，长父亲几岁，却也因为特殊的历史原因在1977年有机会考大学。只不过后来导师又上了研究生，在大学做教授。而父亲大学一毕业，就结婚生子，在小县城当起了工人、公务员。我和导师关系很好，就直接拿了那条白花花只有一行"敬请领导评吸"小字的卷烟塞给他，也挑明了来意。导师听罢，笑眯眯地说："烟我留下，不过请清华的教授评吸，是不是要给评审费呀？"我知道他是在和我开玩笑。身为清华的教师，他一直教导我们要明白这两个字的分量。不出所料，评吸的结果和卷烟厂的命运，都没了下文。

公主岭大米究竟是否有传说中的那么好，我无从得知。但一旦涉及清廷的特供，总会让人心存疑虑。毕竟人参这种和萝卜本质上差不多的传说中的温补品，在明万历年间也就只要约3两银子每斤的样子，但是到了清乾隆末期最高价格曾上涨至1440两。到了嘉庆年间，一斤竟要价高达2240两银子。其中最重要的原因就是内务府每年通过变卖特供的人参——当然是去消费能力强的江南

111

而非北京——从中获得相当可观的银两，以贴补用度上的亏空[23]。不过既然是老人的一片心意，我们也就坦然接受。唯一能做的便是以安全为由强烈要求他们发快递到付，实际上物流的费用远高于大米本身的价格。

有了米就可以做软糯的砂锅粥，或是Q弹的手握寿司，小菘都很爱吃。但光吃白饭也不行，蔬菜和肉始终得本地解决。

最开始想到的是绿色和有机食品[24]——毕竟现在的婴儿食品也是以大大字样的"有机"作为其卖点。其中绿色食品是原农业部（现农业农村部）在二十世纪八十年代所推出的一种"无污染"食品标识制度。1992年，还专门成立了中国绿色食品发展中心负责绿色食品的开发和管理。1993年，中心正式加入国际有机农业运动联盟（International Federation of Organic Agriculture Movements）。同样秉承了一种土洋结合的理念，中心于1995年开发出两种绿色食品标准。其中AA类绿色食品在一定程度上等同于有机食品，而从一般食品向有机食品的过渡状态可以被认定为相对无污染的A类绿色食品——无疑，注定是后者占据了绝对数量的份额，约为98%。同样是在八十年代，南京环境科学研究所成为国际有机运动联盟的第一个中国成员。1994年，经原国家环境保护局（现生态环境部）批准，在研究所农村生态司的基础上成立了中国有机食品发展中心。2003年，发展中心也开始独立颁发自己的有机食品认证[25]。随后产生了多部门管理、标识混乱，还有即便不用接触到内部人士也可以轻易得知的假标识泛滥的情况，总之搞得消费者一头雾水。由于两套有机标识体系都有不低的认证费用，被贴以绿色或有机标签的食品也通常比一般食品价格要高得多——当然是由

怀念过去的单纯，更惊异于现在任何反市场、反逐利的行为。

记得一次自己回老家，晚饭后独自去路跑，碰到小贩推着手推车卖本地刚下来的新鲜葡萄[31]。不禁驻足观看，却分文未带，就连能够快捷转账的手机都放在家里。

"买一点吧，自家种的。"

"看样子还不错，可惜没带钱出来，手机也没带……"

"没事儿，每天都看你在这溜达，明天我也还在这，到时候再给我就行。"

小贩这么慷慨倒让我吃了一惊，一时间不知所措。就说自己还要继续跑一会，然后去体育场找散步的父母拿钱再回来买。没想到没跑一会，天色骤变。赶紧折回去，结果恰好在体育场附近碰到了卖葡萄的小贩，还没等我开口，就连忙说："我看要下雨了，就赶紧过来找你……刚才你看上的那串葡萄已经给你包好了，你先拿走……我这一车葡萄淋了雨就不好卖了。"说完竟然头也不回地走了。

自大学以后，我其实不常回家，更不可能每天被这个卖葡萄的小贩看到。第二天果真又碰到了她，付了钱，衷心地祝愿她生意兴隆就匆匆别过。已经忘了是哪一年的事，但那个时候肯定还没有小菘。不过时间久了，觉得是哪一年都不重要，有这份回忆就已足够。

和很多人讲过这个故事，大家第一反应都是不可能。即便是老家的朋友也悻悻地告诉我，那是我遇到好人了。言外之意，这并不是中国普遍的市场逻辑；而信任作为一种"有共同道德规范或价值的既有共同体的产物"[32]，必然外在于市场逻辑本身。他们说得都没错，这样的事情后来我一次都没有遇到，直到 2019 年的春节，借访学的机会带大花和小菘去日本。闲暇之余想着去小田原的曾我梅林去逛逛。让人惊异的当然并不是花间偶得的富士山景，而是每家农户前面都摆满了自家的土产，最多的就是不同品种的橘子。橘子按品种和等次分类，竖好了价格牌，但却并没有人售卖，只是放一个简陋的收款箱在旁边，取用多少，又支付多少，全凭顾客自觉。还有那种直接从树上摘下来卖的，问了价格，付过钱，结果看我们带着小朋友还要多送几个……若不是真的去了，很难想到在一个现代化的日本，就在东京附近有这等民风淳朴的地方。其实何止是民风，曾我梅林附近的"下曾我"电车站连交通卡都用不了，梅花祭中所有需要的服务人员包括台上的演员都要本地居民客串……前现代的世外桃源，大概就长这个样子吧。

实际上在我们的近邻日本，总能发现另外一种对于农消关系乃至整个市场的崭新定义。比如就在东京都，距离繁华的银座不足千米的地方，曾有一个举世闻名的筑地市场。始建于1935年的筑地市场，一度承载着世界上最大的鲜鱼交易量。除了水产，筑地还有大量的蔬菜、水果和蛋类售卖。和通过"产地直送"标榜正宗性的很多店家不同，筑地市场最大的特色在于有着一大群有职人精神的中间商，通过拍卖和零售等方式将上下游市场连接起来。他们之间，甚至并不是依靠金钱而是靠着某种情怀在维持着羁绊。"大家都是各自领域的职人，所以要相互支撑、相互信任"——大概就是这样朴素的想法，让他们之间的羁绊甚至可以代代相传。相反，不和任何中间商建立起稳固人际联系的流动顾客（floating customers）在筑地是极少见的。而且和我们长久以来所接受的"让一部分人先富起来"的想法迥异，筑地市场有着自己的办法来维护内部的公平。众所周知，中间商商行所处的位置对于以鲜鱼为主要经营对象的中间商有着重要的交易量上的影响。作为市场组织的重要组成部分，东京渔业市场批发合作社联合会（Tō-Oroshi）的任务就是让每一个中间商有平等接触消费者的权利——显然和任何市场都一样，某些摊位会得到空间上的优势，比如离顾客入口或者发货口近；另外一些则完全不行。因此每隔几年（比如5年）的摊位抽签，是维系长期公平的一种重要方式。即便如此，联合会也对摊位的位置进行打分，最高+15分，最低-10分。抽到平均水平以上的上等摊位的中间商要在每个月摊位费的基础上附加额外的作为占据有利位置的"税金"——这部分钱将被回馈给那些抽到下等位置的摊位，来维系短期的公平 [33]。

可惜在读到《筑地：位于世界中心的鱼市》这部作品的时候，已经没有机会像作者一样再花个二十年来了解这种集体主义、公平优先的市场观念究竟是怎么回事。甚至贸然造访了一次，不巧筑地没有开市；再查了时间想去的时候，运行了83年的筑地已经落下了历史的帷幕搬去了丰州。逝者如斯。不过，曾我、筑地背后所长久孕育的精神，并不会随着自然地理环境的改变而改变——正如中国的特供制度虽并不尽为人知，却始终在很多人的心中留下了深刻的痕迹，以至于身处风险社会的焦虑当中时，会第一时间想办法效仿以护下一代的周全。筑地一定会用同样的方式记忆着自己，我这样相信着。

某天感慨日本的食物监管体系，遂兴冲冲地和母亲讲起，日本的替代性食物运动特别强调在食物上看见生产者的脸 [34]。比如是哪位农夫精心地培育了这些蔬菜，他们的脸就真的会被赫然印在上面，仿佛这些食物被亲自交付到消费者手中一样。母亲却不以为然。她说，老家的菜市场每天都在这样运作。而且如果愿意，甚至可以握着农夫的手，有温度的。

第九章　请客吃饭

有朋自远方来，不亦乐乎？

——《论语》

毛主席说："革命不是请客吃饭。"❶ 可惜，"生在红旗下，长在春风里"的我没经历过革命，竟然由于家境的关系连请客吃饭这种人情文化也长时间不能理解❷。父亲说，这个不怪我。大家条件都一般的时候，谁也不会惦记着请谁吃饭。等到条件好了，想吃饭自己做或是下馆子就好——要是谁真是死气白咧❸请你吃饭，后面肯定有更大的一个忙等着你去帮。这个我倒是能理解。想当年刘邦先入关中灭秦，项羽一顿鸿门宴就让刘邦乖乖地交出了统治权，自甘在汉中郡当一个小官。项羽这顿饭，请得还蛮划算的❹。

好在很长的一段时间都没人请我吃饭，也不需要请别人吃饭。直到出了国去，同样访学的老师同学前来造访总要尽地主之谊。不过宴请之前，总要约法三章：第一，带肚子来就行，就是一起随便吃吃的"棠棣筵"；第二，国外食材有限，照顾不周在所难免；第三，不能铺张浪费，吃不了要拿回去❺。后两点基本都能做得到，只是第一点：一方面大家总是问什么是"棠棣筵"。于是就巴拉巴拉地解释，说名称取自《诗经·小雅·棠棣》："棠棣之华，鄂不韡韡。凡今之人，莫如兄弟。""棠棣筵"说白了就是宴请兄弟的筵席，简单但也不失诚意——何况我的名字都在里面呢。另一方面，则是越提醒，大家就越要带礼物来。

与我而言，一个人吃和两个人、三个人并没有什么区别。无非是饺子：通常是猪肉韭菜、牛肉洋葱两种馅的，或是红烧肉、炖排骨❻之类的配白饭，多做一点就好了。时间允许的情况下还会再做一个甜点，比如以中式煎饼为主材的 Lady M（即千层奶油蛋糕），就万事大吉。不过不会做饭的人总不能理解做饭其实是一种享受，有人懂得欣赏已经是求之不得。带了礼物，反倒让"未被回报的礼物仍会使接受礼物的人显得卑下，尤其是当收礼者无意回报的时候"[7]。懒得和他们再掰扯莫斯，就只能作罢。

讲感情的酒局

"我们之所以学着喜欢一些东西……很多时候是出于社会心理上的原因，而不是舌头本身愉悦的反应。"[8] 没错，这里说的就是酒。朋友来了总喜欢带酒，或者巧克力。巧克力还可以做在下次的甜点里，酒就比较麻烦——主要是和我准备的主菜未必能搭在一起。何况按照中国的习惯喝了酒这饭就要吃得正式了：祝酒、敬酒甚至劝酒在所难免，其实也违背了"棠棣筵"的本质。不过酒都带来了还不喝，就有点不够朋友。事实上中国既然发明出"酒肉朋友"这个词，就说明请客吃饭是被看作是维持社会关系的一种方式，是有意为之的交往过程，也涉及了人情和面子的交换[9]。人家面子都给了，酒总要喝——于是就出现了韭菜猪肉水饺配红酒的奇怪组合。味道嘛，大家得闲可以自己试试。

不过真正恐怖的是那种并不熟悉又不得不一起吃饭的朋友。因为大家接触不深，是一种纯工具性的关系[10]，因此就只能讲感情。不过说"只要感情有，喝啥都是酒"是决然通不过的。请客的人定下了规矩，如果不按照人家的要求来喝，就是不给面子，大家就要尴尬一顿饭的时间。记得还在做学生的时候，和一位湖北老师一起回东北某单位调研。当地的领导为了体现对知识和人才的重视，特地安排去当地最有名的一家饭店吃饭。先是开了车到达湖边，又乘着小船到了一个湖心岛上。饭店看起来甚是简陋，甚至除了我们也并没有什么客人，心里就有点打鼓。酒菜全部上齐之后，结果发现是传说中大补的全狗宴❶。据说还是当年金日成招待周恩来总理的那种规格。在东北，全狗宴其实是颇见厨师功力的：除了狗毛和肠中秽物不吃之外，厨师所宰杀的那一条狗，由鼻孔至尾巴，全要被精心料理上桌——包括凉拌狗肉丝、清蒸狗排骨、内脏辣狗汤、汁焖狗手、红烧狗尾、药炖狗鞭、酱烧狗皮、香炒狗肺等多个菜品。而且无论是热菜，还是冷盘都要做到醇厚浓香、腴不腻人。尽管那个时候并不养狗，但总觉得将这小生灵祭入自己的五脏庙有点残忍。但入乡随俗，没别的吃，挑了半天觉得红烧和油炸狗肉两道菜还可能勉强尝试：红烧是与药材同煮的，以突出狗肉滋补的功效，虽吃不出来是怪味，但也总觉得奇怪。相比之下，油炸的是切了片炸好蘸着狗酱卷大饼吃。权衡再三，决定还是吃油炸，想着大不了舍弃狗酱，尽量多的吃饼。

可一张饼还没吃完，敬酒就开始了。当地的领导首先举杯，表达了对远道而来的客人的感谢，讲了全狗宴的来历，接下来详细地向我们说起了喝酒规矩。领导说："咱们大东北地大物博，物产丰富，喝酒也从来不小气……提酒（即敬酒）的人说三句话，连干三杯，其他人随意。"话音还没落，领导三杯白酒已经下了肚，还特地把杯口朝下，向在场的其他人展示他的诚意。心想着这三句话倒是不难，第一句可以学习领导表达感谢，第二句讲讲家乡和此地的渊源，第三句表个态就可以了事。所以按照长幼、官阶的顺序轮番敬酒 ⑫，还没轮到我，祝酒词就已经打好了腹稿。难就难在这当地土产的白酒上，虽说从未喝过，但包装上明晃晃地写着 52 度。主人家为了表达热情，满满地给斟在了二两半的"口杯"（一种玻璃杯）之中。无论如何这三杯下去，都已经超出了我从未到达的极限。不过为了调研，只能硬着头皮上。好不容易撑完了第一轮，脸上已经开始发烧，结果第二轮又开始了。当时还小，不懂得找个什么开了车的借口——不过大概也是没用的。一来领导也是开车送我们来，并且明确说就没打算开回去，何况我们还在一个湖心岛上。当时就是一门心思地想下三句话，可脑子就是跟不上。结果一张嘴，就攀起了亲戚，说自己也是土生土长的东北人，按辈分应该叫在座的各位领导一声"叔叔"。可话还没等说完，就被领导打住："小王这是多了。"于是酒也没让我再接着喝，傻呆呆地坐在那里，等这场酒局散场。多年以后才明白，其实在酒桌上说自己喝多了一点用都没有，只有做出了违背酒局秩序的事，才会获得不喝的豁免权。我和对方的领导才第一次见，说好的是纯工具性的关系，攀了亲戚性质就变了。在豁免喝酒的同时，我也被剥夺了说话的权利。

比工具性的酒局更恐怖的是情感性的酒局。黄光国说中国人大部分情况下所面对的人际关系都是工具性和情感性的混合。这个判断是对的。比如在我们那个小县城里，非常流行初高中同学聚会。您没听错，就是初高中同学。我们大学毕业十几年了都没有聚一下，但是初高中同学隔三岔五总要找各种机会聚一聚。我离得远自然很少参加，但我在家乡工作的"老铁"就逃不过了。"老铁"告诉我，这种聚会的本质

请 客 吃 饭

就是发展关系："一般的规则是，一个人的地位愈高，别人愈可能企图和他发展亲密关系。"[13] 比如我们初中的时候有一个同学，是那种典型的打架斗殴的小混混，没想到读了个中专学校竟然跑到省厅里做公职。几乎每次聚会，他都被群主安排在主位[14]，甚至有时他公职繁忙，其他人也愿意干聊等他。相比之下，"老铁"只是在县里谋差事，没什么大家能用得上的资源，大家与他反倒变成了纯情感性的交流。交流的方式自然是酒。混得好的，为了确保参加聚会的每个人都知道自己混得好，务必要礼数周到，"老铁"按规矩要"给面子"跟着干杯是难免的。混得不好的看"老铁"酒量不好，也要恶趣味地"拎壶冲"来敬一杯，仿佛在酒量上胜过了别人，自己就不是这一桌里混得最差的一个，"老铁"也只好奉陪。结果每次回来"老铁"都喝醉，醉了就和我说："老王啊，多亏你没回来，以后也别回来。"我知道，他是为我好。想了一下我对于这些同学而言，大概和"老铁"差不多。虽在大学里做了教授，但对他们而言却是毫无利用价值的资源，竟只剩下纯粹的情感。于我而言，想随意地"表现出真诚"也犯不着把自己喝醉给他们取乐[15]。每每想到这个，甚至觉得见面不如怀念。

记忆中的"包席"

说到怀念最让人难以忘怀的其实是充满了烟火气的村宴[16]。顾名思义，村宴就是村子里为了纪念红白喜事而举办的民间宴席。和其他地方的宴席一样，除了以份子为载体的人情交换，村宴最重要的功能之一也是建立或者加强人与人之间工具性联系。乍看起来，这种功能稍显多余，毕竟很多乡村人口相对稳定，再怎么联系，也联系不出个大天来。实则不然。

以奶奶家那边的村宴为例，前十几年都还在频繁地举行，大家也乐此不疲。从一侧面说明，村里的老少乡亲都尝到了"办席"的甜头。村宴的一个不变的主题是子孙的延续，自定亲、结婚开始，到满月、周岁、升学，大家总要凑在一起热闹热闹。二叔家看到了这么个商业机会，就自己搭起来一个班子，名曰"包席"。也就是谁家想"办桌"了，他们提供一条龙的"交钥匙"服务。说到这得先交代一下背景。爷爷就出生在当地，是典型的靠天吃饭的贫苦劳动人民，本没有什么政治或者经济资本值得提及。偏偏刚恢复高考那一年，爷爷家的大儿子，也就是我的父亲考上了大学，成为村里轰动一时的大新闻[17]。尽管后来父亲被分配到外地，每年回老家的次数也屈指可数，但是一封封来自我们那个小县城的信件，一个个满载心意的包裹，却在一直提示乡亲们父亲的存在。爷爷家就在村里的邮局对面，每次来了信和包裹，都有好心人给送过去，好像自己也沾了光似的告诉爷爷："你大儿子又寄东西来了。"再后来就是我考上了不错的大学，特地找了一个复印社做了1:1的录取通知书彩印件装裱在爷爷家。老两口于是更提气了。不过要说二叔能做这个买卖都靠我们家的声望，也不现实。二叔尽管没上过什么学，但是在当地勤勤恳恳地干活是出了名的，村里架桥、修路也没少出力。二婶人也极好，此前还不流行"包席"的时候，只要是人家办桌喊她去帮厨，她从来都不推辞。不过搭班子包席这个主意其实是我堂兄出的。他高中毕业以后，在我们县上了一个中专，之后就在县城自己做点生意。堂兄和二叔、二婶说，县里早就有这种买卖了，只是村里还没人做，可以试一试。二叔、二婶就是老老实实的庄稼人，并不懂得商业经营的道理。不过和大多数中国的老人一样，他们会无条件地相信自己的孩子。于是他们出资买了一辆面包车用于运人、拉货，买了一台摄像机用于宴会的录像。人手倒是好办，二叔、二婶这么多年积累了最多的其实就是人脉。

村宴的菜色跟县里肯定是没法比的。于是，人脉便成了"包席"成败的关键。乡道修通以后，到县里的车程已经可以控制在2小时以内了，所以村民们的确有一个选项就是图省事直接在县里就办了。但是一来考虑到预算和交通成本等约束，县里酒席的场面肯定不如村宴来得大；二来大家都心知肚明，谁也不是单纯为了这顿饭才"办席""吃席"的。

"办席"的第一个作用是一种家族声望的宣示，这种声望可以转化为将来或者无形的资本。比如二姑家的小儿子只是考上了一个长春三本的学校，但也要"办席"。主要目的就是二姑家做承包稻田的生意，每年承包、种子、农药、化肥、水电加在一起也是不小的开支，万一遇到周转不灵（比如收购的工厂拖欠款项）就需要向乡亲们借钱（不收利息）甚至"抬钱"（收利息）。而即便是"抬钱"，人家也还是要评估你的偿还能力。所以二姑家不但要办，而且要办得风光：明知道村民们二十块钱也是拿得出手的，偏偏要定最上等的成本远高于这个数目的菜，而且还要好烟好酒备着。这是一种投资，也是一种避险，正如斯科特所言：

农民微薄的经济利润使他们要选择那些较为安全的技术，尽管这样做会减少平均产量。从社会层面上看，农民原则上也力图把自己的经济风险尽量转移给其他社会机构，宁愿以收益换取安全。⑱

第二个作用则是调解矛盾。村里人常年生活在一起，难免有些磕磕碰碰。有些是政治上的，比如竞选村长等干部职务；有些是经济上的，比如刚才说到的拖欠款项。但只要还是低头不见抬头见，矛盾就得调解。调解最"好"的方式，其实就是回避刻意调节的嫌疑——比如找个红白喜事把人请来，"顺便"请一个村里声望高两家又都信得过的中间人，一说和也就开了⑲。

当然也不排除有那种就是为了"提气"⑳办的。心态大概与非要和"老铁"拼酒的混得不好的同学差不多。在一个几乎封闭的小社会中，他们已经走过的人生和后面可以预期的有限的人生，都不会有太大的波澜。能够逆袭㉑，哪怕只有那么短暂的一个瞬间，都值得努力把握。

所以"包席"首先就要弄明白人家办这个席究竟是出于什么目的，明说的还好，有的人家碍于面子并不和"包席"的人直接说出目的。不过这个时候女人们的作用就体现出来了。平日里村口、炕头的家长里短，就是最重要的情报渠道。大不了几方确认一下，也就八九不离十了。"包席"的规模控制也同样靠女人。每一家"办席"都有自己的理想预期，不过能确定来的无非是至亲好友，估计不准的反而是可来可不来的纯工具性关系的那些人。这时候"包席"人中的女人就要发挥自己情报网络的作用，根据她们所掌握的情况给"办席"的人家反馈。当然如果"办席"的人家非要场面搞得大一点，她们也会帮忙：无非就是找一些卖点，比如菜色、烟酒甚至是宴席上的表演、红包等彩头，依靠女人和女人之间的口口相传，或是孩子们的一传十十传百，宣传工作就完成了——远比村支部的大喇叭要管用。由于宴席的规模直接涉及包括食材在内的各项准备工作，"包席"人也有动机做好这件事。特别是如果一下子人来得太多，临时准备食材的各种成本都要摊在"包席"人的身上。

相比之下，男人们则需要负责一些台面上的工作。最重要的当然还是排定座次，以及控制整个仪式的流程。前者"办席"的人往往自己也会动脑筋，所以给一些中肯的意见就好。后者讲究的是临场发挥的能力，特别是"办席"的人家站在台上说了什么不该说的话，需要交代司仪找一个巧妙的方式给圆回来。否则钱花了不少，反倒没起到好作用，还是要怪罪在"包席"人的身上。记礼账其实只是宴席仪式中的一个小环节，不过里面也有大学问。比如记录一定要采取最原始的方式，红纸毛笔，现场记录。而且为了礼账"好看"，更是起到一种看板的作用，"包席"人也会和"办席"的人家提前沟通，有哪些至亲好友打算多给的，务必从高到低写在前面。如阎云翔所说，礼账是家庭仪典的主人收到的所有礼物的正式记录，而：

> 仪式性送礼给地位与关系的显示提供了一个特别的场所，是个人能够动员的关系资本的可见证明。与参加者更为亲近、数量也较少的非仪式性的馈赠场合不同，在仪式性的礼物交换中反映出来的网络，真实而具体地体现了某家的社会关系的总体。㉒

可惜，刚才所提到的一系列的复杂工作都不收费，真正收费的只是对于村宴而言无关痛痒的菜品，以及仪式录像等"硬件"项目。而在这两方面，二叔家并不占什么优势。毕竟菜色的更新取决于厨师的水平以及薪资。菜色好的确会让大家都说好——但其实现在生活好了，村里人也不会把村宴当作是改善伙食的主要措施——其实大家无非就是凑个热闹，讨个彩头，每一道菜有一个吉利的寓意，卫生上也稍微注意一下，就没有太多本质性的区别。更不用说录像，那几乎是门槛更低的机会，比如堂兄从未受过此方面的专业训练，自己捣鼓捣鼓就干上了。村里整体上不愿意为服务付费的现状似乎也预示了二叔家"包席"生意的惨淡未来。果然一看到这种方式有钱赚，马上就有人跟进。最可气的是跟进的人根本不知道"包席"的门道，却要坚持请好厨子过来改善菜品。村里人显然不买账，不过厨师的薪资却因此水涨船高，二叔家也做不下去了，只能放弃。再听到堂兄的消息，是他在县城和村里跑长途的客运，他自己认为比"包席"省心，还落得个自由自在。

想象里的国宴

坦白讲，堂兄"包席"的经历已经是很久之前的事，作为一个自诩严谨的学人，在写下上面这段文字之前特别想和堂兄再确认一下，却一次又一次地忍住。仿佛不去确认，心中那模糊的记忆就是真实——那个想回就可以回去的故乡里装满的，永远都是淳朴和善良。果真如此，那我又和非要把我"老铁"喝倒的同学，或是仅为了"提气"而不惜血本"办席"的村民又有什么区别呢？我们都一样，都是在通过一种对新秩序

的戏拟甚至想象 ㉓,（哪怕只有一瞬间）改变自己不上不下的状态。福柯（Michel Foucault）说得对："我企望在我身后有一早已开始言说的声音，预先复制我将言说的一切……" ㉔

　　尽管我家里除了学生几乎就没有什么可以宴请的客人，但还是有一段时间沉迷于钻研各种国宴菜谱。听说某位领导人爱吃"开水白菜"，自己也尝试在家做。所谓"开水白菜"，是指：

　　　　汤清如水，白菜鲜嫩，犹如新鲜白菜放在开水内一般。㉕

　　白菜的处理方法十分简单，难的在于清汤。所谓"戏子的腔，厨子的汤"。腔和汤都是最见匠人功力的地方。清汤要用母鸡和猪肘做汤底先煮成奶（白）汤，再用：

　　　　鸡泥用半斤凉水溜散泡上，冲入鸡泥水，随即用手勺推转，照肉泥水一样再清一次，汤即清澈如水，再把肉泥、鸡泥轻轻地下入汤内（行话称坠）。㉖

仗着自己可能比名厨们多读了一些书，就尝试使用法式清汤 consommé 的方法来臊汤 ㉗。首先是过滤，用的就是普通的手冲咖啡滤纸。臊汤的时候不用牛肉或是猪肉，相反却用成本低廉的鸡蛋和蛋壳。臊出来的汤尽管不正宗也不清澈，但终归是属于我自己的创造。想着天下的名厨也不曾像我一样中西合璧，就心中暗喜。

　　真正的国宴是没见识过的，而且预计这辈子也不会有机会见识。

不过竟也想象着见识到了会怎么样，或许会终生难忘，亦或许和堂兄"包席"的故事一样——过不了多久就是剩下片段模糊的记忆。反正尼克松访华时的国宴就是这样的。明明"宴会主题的确定，宴会菜单的审定到宴会布置、陈设、氛围营造，都在周总理领导下进行。总理的诚心、精心、细心体现大国总理的风范"，但到了尼克松那里，匠心独具的冷盘、热菜、点心、水果和酒水❷❽，就只变成了：

　　每个桌子上都有大型转盘，上头摆有点缀菠萝的鸭肉片、素火腿、三色蛋、鲤鱼、鸡肉、明虾、鱼翅、饺子、甜糕、炒饭，以及迎合西方人口味的面包和奶油。

相比之下，尼克松一行更关心的是用正确的礼仪和中国人吃这顿世纪大餐。白宫的备忘录写满了各种提示："中国人以他们的食物为荣……建议也可以大大恭维各道菜肴。"以及"在晚宴上，酒和茅台是敬酒时用的。除非向你的中国朋友敬酒，否则不要拿起酒杯"等等。不过貌似美国人的确对酒比较感兴趣，他们注意到：

　　每个人都有三只玻璃杯。一杯装水或橙汁，一杯盛酒，一杯盛中国闻名遐迩的"茅台"。❷❾

没错，就是茅台。除了这个能够在市场上买到的国宴用酒，其他关于国宴的场景、菜品和秩序，都只能依靠阅读和想象。不过这两样的确是身无长物、空有文化资本❸❶的我的长项。想必文人或是商家杜撰出来一个满汉全席的说法，也大概是同样的考虑 ㉛。

想象也好，杜撰也罢，我们终究还是要回到自己所应该处在的道德——社会秩序当中。在酒局上还是时不时要扮演一下大家的笑柄，没有确认家乡的村宴今天究竟变成了怎样，依然不敢去；"还是要偶尔摆摆棠棣筵"请学生和久违的朋友来家里吃饭，却也几乎没做过复杂的国宴清汤。身在国内，总不好拿食材当作照顾不周的借口。于是宴请约法三章的第二条就变成了提前预约 ㉜，但也不能无故爽约——毕竟那一桌子剩菜实在难以应付。爽约的人还是有，一切都准备好了，被告知小孩发烧，原定的来京计划取消。这种理由当然不能算是无故，不过穷酸人总要讲讲黑白无常的故事：

> "番"和"邪"，是一对忠诚的、尚武的朋友……他们约定在一条河旁见面。"邪"先到那里等待。在那里"邪"遇上了倾盆大雨。当河水涨上来的时候，"邪"还忠诚地等在约定好的地点。但他的朋友"番"没有来。"邪"保持了最后的忠诚，直到被河水淹没。"番"赶到的时候，就去找"邪"，但他这位身着黑衣的朋友却已经被水吞没了。"番"后悔不已，上吊自尽。这位身着白衣的朋友，就这样上吊死了，他的舌头老长，红红的从嘴里伸出来。㉝

就是如此的恶趣味。

第十章

特立独行

酸甜苦辣都要一一品尝，鸡鸭鱼肉
五谷不分也无妨。
——冯提莫原唱《识食物者为俊杰》

　　长时间住在一居室的中转房，连亲戚都不常来走动，以至于我们全家都习惯了冷冷清清。不想刚搬到大房子里没多久，大花的表弟就突然和她联系，说想利用年假的机会到北京来看看。一家人坐在一个桌子上吃饭，当姐姐的总要嘘寒问暖以缓解我这个"外人"的尴尬。话题兜兜转转总会回到个人问题上。

　　"听说你和你那个女朋友分手了？"

　　"是啊，异地嘛……太累了。"❶

　　"没想着再找一个？"

　　"姐，我想先搞事业。"

　　见状我忙上来打圆场，说弟弟常年在郑州、上海和广州几个城市跑业务，的确也不适合找，否则聚少离多，恐怕难以长久。弟弟貌似对这个说法很满意，也很自然地岔开到了事业相关的话题，告诉我们他已经顺利地从销售经理助理升职到经理，再干一年还想跳个槽，比如从原来的化工跨到轨道交通行业云云。弟弟其实刚大学毕业一年，本科还是读的老家本省的学校。离开校门就跑到大城市打拼着实不易，更让我觉得不易的是初出茅庐的他竟然不知道孤独的滋味。

　　也许还是年轻。到了我和她姐姐这个年纪，就莫名其妙地变得"时常感到孤独，却又害怕被亲密关系所束缚"❷。搬到这里两个月，怕孩子吵到邻居才主动和楼下的奶奶打了几次招呼。楼上的邻居干脆就不认识——除了一次，已经很晚了，她家的孩子依然矢志不渝地在家里跳绳，我才去敲了门 ❸。其他时间，恨不得躲在防盗门后面一刻都不要出来。可上学的时候明明就是习惯了过集体生活的……人啊，就是这么奇怪的动物。

一人食

本科时课业负担重，学习资源又不是那么丰富。若不是每天早早地去图书馆排队，就要和同样晚起或者没找到座位的同学一起在六人间抢桌子。一旦真的出去自习，吃饭就难免要一人食。那个时候手机还不是很普及，更犯不上为了约个饭额外花一毛钱来发短信或是打电话。加之怕自己好不容易占到的座位被人推掉，不知不觉就养成了吃饭快的习惯。吃完又赶快回到座位，把自己埋没在课本、习题和作业里。

真正能够享受共餐（commensality）待遇的是有男女朋友或是大四的同学。或许是大学时期的恋爱都那样，或许是我校惊奇的校风使然，男女朋友的共餐最多就是聊聊学习和生活，并不需要特别贴一条标语或者制定一条校规来"禁止相互喂饭"。不过鉴于所有高校食堂师傅盛菜手抖的毛病，分享肉食大概是我那个年代的男女朋友，起码是我表达爱意的一种方式。

人类学家所研究的每一个部落或村落社会都用肉食来加强礼会纽带，以使同乡和亲族关系得到巩固，由此而表现出对动物之肉的特殊敬重。❹

尽管不是原始部落，但肉类作为食堂大锅菜里的稀缺品，的确可以起到巩固关系的作用。关系更进一步的时候，可以点一份类似于华琛笔下所描述的盆菜（puhn choi）❺，比如麻辣烫和麻辣香锅，分而食之，必然每一口都能吃出幸福、美满。

关系好的同学也一起吃麻辣烫和香锅，一般这个时候也会轮流请客或是一些人负责点菜一些人负责买解辣的雪碧和可乐。甚至在园子里还出现了友谊的特殊计量单位——香锅。遇到需要确认朋友的朋友究竟有多可靠的时候，就会问"你们的关系值几顿香锅"。如果答案是"不计其数"，那朋友的朋友就已经是朋友了。

> 个人感到自己是社区的一员，尤其与食物脱不了关系，是因为他参加公共活动，与别人同甘共苦，常常依靠别人来填饱肚子，并在习俗的要求下与他人分享自己的所得……所有成员都分享同样的食物、分担同样的危险……由于获取食物和进食是社会生活的主要部分，将一个人置于社会生活之外就是禁止他分享社会获得和享用的食物。❻

有时候甚至会怀疑自己就是安达曼岛人。我们也会通过不带某人去吃香锅这种方式来表达朋友关系的紧张，而弥合裂痕的方式几乎也就是单独请吃一顿香锅。成绩绩点、社工职级、社团归属，就连有没有男女朋友在学校里可能都是一个竞争项目，就只有吃饭这一件事大家可以平等地坐在一起，从一个盆里抢夺肉食，不亦乐乎。如弗洛伊德所说：

> 人的身体因所吃食物而改变原有的体质。倘若个人和他信的
> 神共同享用餐食，那么这表示他们是属于同一个类型。❼

尽管大多数同学都没有宗教信仰，但一起吃了香锅，的确就仿佛
被归入了同一类型一样。到了博士期间，室友的数量就急剧下降，从
6人减少到2人。曾经还一度怀念大家可以一起吃香锅的日子，可没
多久就发现了这种配置的好处：人读到博士，再怎么说年纪也一大把了，
每天都在担心不断减少的发量，和怎么都厚重不起来的论文。焦虑之
下人也会变得矫情，除非关系特别要好，一起约吃饭总是一个冒险的
决定。且不说大家的口味很难不谋而合，最怕吃着吃着听到对桌的老
博士说起自己又多发了三五篇，或是拿了个什么奖。该祝贺肯定还是
要祝贺，心里却不是滋味，以至于盘中再好的美味都味同嚼蜡。神经
紧绷到一定程度了，连"你写到第几章了"这种问题都听不得——因
为一旦没忍住问了句"你呢"，却又得到了别人进度比你好的答案，这
一份饭恐怕又是白打了。所以眼见着很多老博士，早早地去食堂打饭，
回到宿舍一个人吃。为了避免尴尬，往往会一边吃一边戴着耳机刷剧。
就像把头插进沙子的鸵鸟，只要不看不听，就不会得知自己论文进展
不好的消息。还好我和博士期间的室友，就是那个前文提到的台湾小
哥关系还不错，一起吃饭的频率越来越高，聊的话题也越来越多。有
时甚至会为了尝一尝久违的糖火烧的味道，专门乘公交车跑到南城。
所以涂尔干说得对：

并不是在一起吃了饭，就会产生这样（共同进餐可以在出席者之间建立起人为的亲属纽带）的结果。一个人之所以能使自身神圣化，不是因为他仅以某种方式与神坐在了同一张桌子旁，而主要是因为他在具有神圣性的进餐仪式上吃了东西。❽

　　保持友谊的秘密仪式就是大家会留意避免尴尬，对于论文进展这种事肯定是不提、不问，反倒是针对一些单位政治和社会问题却敢于针砭时弊，屡试不爽。

　　博士毕业以后，台湾小哥去厦门教书，而我留在了北京。似乎除了学生，几乎没有可以共餐的人选。开始还偶尔厚脸皮地以教师卡没法去学生食堂为由，希望多和他们交流，后来才渐渐发现，我的出现其实是破坏了学生们维系友谊的共餐仪式。代沟让我们之间少了很多共同话题，聊着聊着就总会绕回到论文进展上面……于是学生们的笑容顿时冰冻，一脸黑线。想明白这些，我就决定一人食了。甚至为了避免过多地与人交流，游泳都是要游中午场，再赶着食堂快要关门的时候打一份饭在角落里迅速吃完。某次在取餐时，陡然发现同学院的老师不知何故坐到了我放东西的座位对面，竟吓得赶紧又换了一张桌子，特意磨磨蹭蹭地把食物一口一口地塞进嘴里，发现自己吃完的时候那位老师已经先行离开才松了一口气。我不知自己怎么了，不过身边的人貌似都这样。

　　由于职业的关系，出差调研、开会一人食几乎是不可避免的情况。特别是到了新的城市，我还喜欢不带地图四处乱逛，寻访好吃的小店。

这种事情一人总比两人或多人要好，毕竟人多了意见就要统一，难免互相迁就，顶多能实现的就是每个人都有些许不满意的次优。而且人多了总要找话题聊，还要避免话题过于"专业"，让个别人冷场❾，结果本来是奔着放松去的，一顿饭吃下来比做个深度访谈还累。所以出门在外一旦有机会，总会选择一人食。

一人食的本质在于脱嵌，即将个体、将自我从所嵌入的社会关系和社会情境中脱离出来。尽管早在二十世纪七十年代，伴随着国家所倡导的市场导向的改革，脱嵌就已经成为社会的主流话语❿，要想彻底地与社会脱离，还是非常困难。比如包括麦当劳、肯德基在内的洋快餐，桌椅的设置都是成对出现的。一个人过去坐总觉得有点浪费。更不要说大量的中餐馆，连两人座都少见，最低都是四人起的。还有菜量，倘若回到东北，一个人点两道以上的菜就必然要浪费；不想浪费，就只能冒着这辈子不想再吃这些菜的风险努力塞进肚皮。另一个麻烦便是内急。特别是在那种大排档，只要稍微一离开，打扫卫生的阿姨就会跑过来把吃完的没吃完的统统收掉。一身轻松回来以后，面对空荡荡的座位或是已经翻台过后的新客，只能是一脸尴尬。

见到对一人食最友好的设施是在日本。比如大部分中国读者都熟悉的店是著名的一兰拉面：相较于吉野家、松屋等快餐，一兰最大的特点在于为每个人提供了半封闭的格子间⓫。本是用来适应不打扰别人的日本文化，却也可以用来缓解一人食的尴尬。其实不仅仅是一兰，很多日本的餐馆包括宾馆里面的餐厅都有吧台设置。吧台或对着主厨，或对着大玻璃窗。每个人目视前方，便可以如同独自在电梯里一般暂时切断与他者之间的羁绊，如入无人之境。只是一兰做得真的太绝了，甚至连服务员都难得见到一个——面从隔间草帘的空隙里端出来——能见到的就只有端着面碗的一双手，细想来还真有点恐怖。[12]

病号饭

不管怎么说，有选择总是好的。怕就怕连选择都没了，如社会学家伯格（Peter L. Berger）和卢克曼（Thomas Luckmann）所说：

虽然人具有的社会性使其对恐怖的孤独感已有所认识，但是当他们脱离了社会的惯有构造、丢失了存在的意义的时候，他们才能清楚地体会这种孤独感的含义。[13]

这种情况就是疾病。尽管年纪不大，我已经上过两次手术台，住过一次 ICU，甚至今后余生都要透过一种叫做"五年生存率"的专业名词来进行度量和计算。和同龄人相比，吃病号饭也真算得上是家常便饭了。

第一次做手术是在读博士的时候。突然某天觉得自己右下腹剧痛，忍了一晚上加一上午，还是决定去校医院看看。结果医生冒出一连串的问号："啥？疼一晚上了？自己骑车来的？阑尾都要穿孔了知道吗？……"就把我扣下了。原本以为局部麻醉的手术过程是最难熬的，谁知术后的恢复才是。第一项任务就是排气。平日里这种事总会让我们在人前无比尴尬，但是经过了腹腔手术，恨不得每天早上在医生查房的时候就可以自豪地告诉他们"我排气了"。排气后就可以吃流食，否则别管伤口多痛都需要加强运动以防止粘连，排气了也麻烦。由于校医院不提供餐食，只能赶着一早去食堂里卖粥的地方打米汤。可惜室友台湾小哥是个昼伏夜出的动物，早起非要了他的命不可。就只能求助当初的女友，关系还没到可以相互照护的程度，着实给人添了不少的麻烦。不过正如社会学家帕森斯（Talcott Parsons）所说：

> 病人角色（sick role）……的首要意义便在于生病的人无法履行正常社会责任可以被免除。[14]

让我一个人线还没拆就跑去食堂，她也会面临不小的道德压力。不过帕森斯也提醒我们，病人身份的获得不能超过疾病应有的必要时间。比如明明我可以出院了，还撒娇赖着不走，非要人继续打米汤过来以享受被照顾的感觉，就会被孤立，乃至剥夺向人求助的权利[15]。不过据说为了加我这一台手术，医生们午饭的权利倒是被无情地剥夺了。术后，大家齐刷刷地坐在休息室里吃泡面[16]。

第二次进手术室已经是在8年后。由于并不是吃一顿泡面就可以解决的疾病，一切准备工作都来得按部就班。术前一个月就开始吃阻断剂，还要时刻监测血压血糖。一段时间血糖总是降不下来，就要节食或者打胰岛素。不过彼时课程还没结束，为了不让自己低血糖晕倒在课堂上，还是要多吃一点或者少打几个单位的胰岛素[17]。顺利地熬到了结课，才把自己安安稳稳地送到了狭窄的手术台上。同样是腹腔操作，所以术后进食的步骤也差不多：排气后可以吃流食，排便后才可以正常吃饭。不过这一次，三甲医院的食堂已经可以提供米汤和稀粥，照顾我的父母只需要买来即可。更方便的是形形色色的外卖，或通过发到病房里的传单上的电话，或通过手机 App，总可以买到你想买到的东西。这样一来，父母帮忙去排检查、取结果也不再担心。出不了病房的我，借助信息技术，一个人就可以全部搞定。不过既然是一种意味着人生进程中断的疾病⑱，回到家就变得格外小心。外卖肯定是要少吃的，餐食准备也尽量亲力亲为。特别是一旦手术的操作区有一点点不舒服，甚至连咖啡和茶这种刺激性饮料都要停掉，以防肿瘤君再次来袭。

中国人对于粥的感情是与生俱来的。正如三国时的谯周，也非要把粥饭做法的创始加诸黄帝，云"黄帝始蒸谷为饭，烹谷为粥"⑲。如果不是多次旅居海外，我也会和大多数中国人一样，觉得生病了就要用粥饭来调节⑳。大文豪梁实秋小时候一生病就被迫喝粥㉑；《红楼梦》里的袭人，偶感风寒吃了药，夜间发了汗，清晨起来觉得轻省了些，还是吃些米汤静养㉒。就连人上了年纪元气减少，也要食粥㉓。

> 《内经》云："精不足者，补之以味。"然醲郁之味不能生精，惟恬淡之味乃能补精耳。盖万物皆有其味，调和胜而真味衰矣。不论腥素淡煮之得法，自有一段冲和恬淡之气，益人肠胃。《洪范》论味而曰："稼穑作甘。"世间之物，惟五谷得味之正，但能淡食谷味最能养精。又凡煮粥饭而中有厚汁，滚作一团者，此米之精液所聚也，食之最能生精，试之有效。㉔

按照中国人的逻辑：闻起来气味愈是薄弱，尝起来愈不油腻的粥品，排名就愈前面一些㉕。而且即便是从店里点，也是要现熬现做的才好。

相反超市里大把的方便粥品，就算是冠以八宝 ❷、猴菇之名也是决不能给病人吃的。若是放在西方，说到腹腔术后必须服用的流质，大家首先想到的却会是鸡肉或是牛肉的清汤（总之不可能是粥）。而且根本不用费劲自己去又熬又滤，超市里就有卖盒装现成的，倒在碗里用微波炉一热便好。中国煮粥，讲究的是"水米融洽，柔腻如一"。这里面说的其实是阴阳、冷热的调和与平衡。"见水不见米"太寒，"见米不见水"太燥，都不能叫粥，也不适合病人服用——更不用说听起来就让人"上火"的鸡汤和牛肉汤了。不过说到鸡肉和牛肉，大花在生产住院的时候却点名要吃这个，而且最好是麦当劳、肯德基的汉堡。说是吃了之后才有力气生，而且一个人在待产室里不用餐具就能吃到嘴里。不过一旦生完，马上又定了医院里的养生汤套餐，汉堡之类的碰也不碰。无论如何，就是不吃粥。

隐于市

作为一个地地道道的东北人，我原本也是不吃粥的，起码不在"正常"的时候吃。直到去深圳的大学城工作那两年，才逐渐养成喝粥的习惯。

深圳大学城被誉为关内最后一片土地，位于深圳市野生动物园对面。我在那儿的时候连地铁都没有通，想进一趟城都至少要倒两趟公交车。平日就活动在这个城中村里，"白天教授讲，晚上野兽叫"。那时候学生还很多，每每傍晚或者周末总会一起约饭，或者去食堂，或者去村里的夜市找食吃。学生们告诉我，当地最有名的店就是潮汕砂锅粥。其实村里有两家，但是他们总带我去同一家。店面很小，店里的座位也很少，于是借着夜色，店主就大大方方地把桌椅摆在了大街旁。我们人多，很难碰巧找到空着的大桌，于是就和店主打了招呼，先去扫一轮炒面、烙饼之类的垫垫肚子，转一圈回来再吃。店主告诉我们，正宗的潮汕砂锅粥是水米相融的，这大概源于某种饥饿记忆。自唐朝开始，一些中原地区的人为躲避战乱就开始往海边迁徙，一部分到了潮汕，一部分到了漳泉。由于所带的谷物有限，只能就地取材，比如虾蟹，一家人或是一族人一起熬粥充饥[27]。因此尽管可以双拼鸡肉、排骨和黄鳝，砂锅粥里最正宗的也就是虾粥和虾蟹粥。我们特别听劝，只轮番点这两样。每一份粥都是生米煮成熟饭，即点即做，至少要等30分钟方能上桌。这个时间我们正好喝茶聊天。每次谈起这个"鸟不拉屎"的大学城的偏僻，只要不提论文进度，总会有说不完的话题。

在去深圳以前，我其实很少去夜市。一来是东北的冬天黑得很早，温度又低，加之城市没什么外来人口，客观上构成了一定的限制。二来媒体报端大量关于夜市卫生状况堪忧的报道，总让人心有余悸。所以最初去喝砂锅粥，也是迫于同侪压力。被学生们敏锐地发现，就开始开导我：说人的身体其实是一个很神奇的东西，如果真的不干净，就会主动排出去。想想也有道理。自己一板一眼地生活了快三十年，竟然还只会循规蹈矩。一旦想开，便百无禁忌。不去在乎虾蟹是否新鲜、是否包含了寄生虫，餐具是否被蟑螂爬过，厨师在煮粥的时候是否用心地洗了手……吃了一次，居然没事。接着是第二次，第三次……聚餐的地点也从砂锅粥逐渐拓展到了烧烤以及夜市的其他摊位。第一次在夜市里，我放飞自我了。以至于每每去到南方的城市，总要去夜市逛一逛，即便什么都不买也会想起当初一群人在城中村里苦中作乐的日子。仿佛只有在夜市里，我才不是青年教师、不是丈夫、不是父亲、不是儿子，我的身体才只是我自己的，不需要被教学、发表、晋升、生计、育儿、养老等一系列设定好的轨迹所累，甚至撕扯成碎片。

> 战术只能以他者的场所作为自己的场所……由于自己不拥有空间，它便依赖于时间，细致地"捕捉"机遇的"翅膀"。无论捕捉到什么，它总是没办法保留住。为了将事件转变为"机遇"，它必须不断地对它们进行加工。弱者必须不断地借助于强大的异己力量。当它将不同的要素组合到一起的有利时刻，这就有可能实现，但是对这些因素进行智慧地综合的形式不是话语，而是决定本身，是抓住"机遇"的行为和方式。㉘

夜市本就是这样一个地方。二十世纪八十年代初，伴随着改革开放，城镇开始涌现出小商店和小食品摊。为了不突破"个体户雇工不超过七人"的限制，有些地方只允许理发、修鞋、磨刀、修自行车、卖饮料小吃和各种手工制造的商品的活动在晚上营业，于是形成了"夜市"㉙。没经历过这个转变的我，只能通过阅读来弥补：

> 我随着夜市人流向前走着，看着，不禁想起那"四害"猖獗的日子，那惨淡的岁月。记得一个星期日的早上，爸爸的一位朋友来啦，爸爸就让我上街去买些吃的东西回来。当时正是上午十点来钟。我来到街上，市容冷落，来往行人稀少，而且愁眉苦脸，

唉声叹气。我连忙加快了脚步，走进商场，景象也十分凄凉，货架上只摆着一些烂萝卜、破菜瓜，售货员还爱理不理的。我走了许多地方，东西没买上几样，可气却受了一大堆。售货员遇到熟人，就毕恭毕敬，隔人售给。碰到生人就冷若冰霜，还说什么："想买就买，不买拉倒，别挑三拣四，啰哩啰嗦！"这些话叫人听了真够生气。这还不算，摆小摊的才遭罪呢！只要你一摆，就说你是"搞资本主义"啦，"挖社会主义的墙角"啦，"搞投机倒把"啦……轻的没收东西，重的挨批挨斗。……当然，这已经成为历史了。❸

不过这反倒加深了我们对于夜市本质的理解。晚饭到午夜这段时间，本来就是公私皆可、工作／休闲并不清楚划分的时间❸。夜市也便占据了这几乎具有"阈限"性质的时间，来换取本不属于它们的空间：占道经营几乎在所难免，不同店家的桌椅甚至都摆在了一起，还有些城市夜市的摊位都不固定。不过这些空间的协调也不单纯地依靠"公"的行政力量，或是"私"的相互谅解。一般在夜市，总会存在一些半公半私的城管人员帮忙协调摊贩之间的各种矛盾，甚至在检查来临之前为他们通风报信。摊贩们则需要按时缴纳摊位费甚至有事没事请这些人尝尝鲜、喝喝酒来作为回报。食客们来到这个嘈杂的开放空间里，肯定聊的也是半公半私的话题。就连吃的小吃——这种介于饭和菜之间的东西都是十足的登不上大雅之堂也吃不饱的半吊子。

不过人们就是爱去那里。因为只有在那里，我们才可以忽略了他人的眼光，摆脱了日常生活中各种礼节的约束。记得有一次，刚刚下课就要和学生们一起去逛夜市。结果马上被他们提醒："老师您这样西

Time fo

An adve

for the s

of food

自序

❶ 食用河豚的相关传统请参见：聂鑫森，2010：184—185.

❷ 参见：李建民，2011：2.

❸ 参见第十章"病号饭"的部分。

❹ 参见：雷祥麟．2010.

❺ 参见：[美]郭颖颐，1998：第四篇．(译自：Kwok, D. W. Y. 1965. *Scientism in Chinese thought, 1900—1950*. New Haven：Yale University Press.) 为了方便学术界的读者查阅，本书在第一次出现中译本的注释后都加入了英文原文的题录内容。

❻ 1954 年 9 月，周恩来在一届人大一次会议所作的《政府工作报告》中提出："如果我们不建设起强大的现代化工业，现代化农业，现代化的交通运输业和现代化的国防，我们就不能摆脱落后和贫困，我们的革命就不能达到目的。"1957 年，毛泽东在《关于正确处理人民内部矛盾的问题》中提出要把我国建设成一个"具有现代工业，现代农业和现代科学文化的社会主义国家"，后来又加上国防现代化。1964 年 12 月 21 日，周恩来在三届全国人大一次会议上郑重地向全国人民宣布要在一个不太长的时间内实现四个现代化的奋

斗目标。

❼ 同 **❷**，以及：[法]布鲁诺·拉图尔，2010：53.（译自：Latour, Bruno. 1993. *We have never been modern. Cambridge*, Mass.：Harvard University Press.）

❽ 参见：Latour, 1999：174—215.

❾ 参见：Law, 1998.

❿ 系二十世纪六十年代清华著名校长蒋南翔的名言。相关历史可参见：Andreas, 2009.

⓫ 肿瘤患者经过治疗后，生存五年以上的患者所占的比例。

⓬ 参见：[加拿大]查尔斯·泰勒，2012：72，441.（译自：Taylor, Charles. 1989. *Sources of the self：the making of the modern identity*. Cambridge, Mass.：Harvard University Press.）

⓭ 从严格意义上讲，自我民族志（autoethnography）是一种介乎人类学和文学研究之间的一种研究手段和呈现形式。在自我民族志学者的眼中，首先需要通过某个既定的民族志视角把焦点放在与自身经历相关的社会、文化等方面，然后以从"外"向"内"看，从"前"向"后"看等方式，揭示出一个被社会和文化等折射出的脆弱的／边缘的／多元的／分裂的自我。也正是由于这种系统的剖析，自我民族志才可以也必须是反思性的，是对社会权力和话语实践（discursive practices）的批判性考察。参见：蒋逸民，2011. 以及：Adams, 2014.

⓮ 参见：[英]安东尼·吉登斯，2009：5.

⓯ 参见：Kottak, 2011.

Time fo
An adve
for the s
of food

❶ 参见：Kant，2005.

❶ 轮子自从被发明后，在使用上没有太大的缺陷，足以应付多数需求，原则上后人只需要直接应用即可，重新再发明一次轮子不但没有意义、浪费时间，还会分散研究者的资源，使其无法投入更有意义及价值的目标。

自序

❶ 薛定谔的猫（Schrödinger's Cat）是奥地利物理学者埃尔温·薛定谔于1935年提出的一个思想实验：把一只猫、一个装有氰化氢气体的玻璃烧瓶和放射性物质放进封闭的盒子里。当盒子内的监控器侦测到衰变粒子时，就会打破烧瓶，杀死这只猫。根据量子力学的哥本哈根诠释，在实验进行一段时间后，猫会处于又活又死的叠加态。可是，假若实验者观察盒子内部（对应于退相干理论），他会观察到一只活猫或一只死猫，而不是同时处于活状态与死状态的猫。

❶ 无需否认，"主我"和"客我"的区分受到了社会学家米德（George H. Mead）的影响。参见：[美]乔治·H.米德，2005.（译自：Mead, George Herbert. 1967［1934］. *Mind, self, and society : from the standpoint of a social behaviorist.* Chicago : University of Chicago Press.）

❷ 同❼，以及：Latour，2005.

❷ 参见：[挪威]埃里克森，2020：18—20.（译自：Eriksen, Thomas Hylland. *Engaging Anthropology : The Case for a Public Presence.* Oxford ; New York : Berg, 2006.）

❷ 参见：Mol，2008.

❷ 同上，76—77.

第一章

❶ 转引自：[美]凯瑟琳·安·德特威勒，2019：149.（译自：Dettwyler, Katherine A. 1994. *Dancing skeletons: life and death in West Africa, Life and death in West Africa.* Prospect Heights, Ill.: Waveland.）法国年鉴学派的代表布罗代尔（Fernand Braudel）关于欧洲也有相似的言论："告诉我你吃什么，我就会判断你是谁。"参见：Braudel, 1973：66.

❷ 比如在印度，人们也会说："人如其食。食物不仅仅创造了他的身体物质，而且还造就了他的道德性情。"德国也有类似的谚语"人如其食"（Der Mensch ist was er isst）。转引自：[美]大贯惠美子，2015：1.

❸ 通常通过身体质量指数 BMI（Body Mass Index）来界定，超过一定 BMI 切点的人被定义为超重或肥胖。不过世界卫生组织（WHO）建议不同国家根据"国情"采纳不同的 BMI 切点。比如中国的 BMI 切点就比西方世界要严格得多。参见：Greenhalgh, 2016.

❹ 对此，一个虚拟世界中的标准回答是："吃你家大米了？"

❺ 作为现今网络流行语的"吃土"，一般用于自嘲过度消费，以至于下个月没钱吃饭。

❻ 关于"观音土"一词，有记载说起源于湖北省罗田县 1578 年的一次饥荒："观音山崩出白土如米粉，民争取之，活人甚众。至秋熟其粉不见，遂传之为观音粉。"（《湖北通志》，卷 75，灾异，1578 年条目）参见：[法]魏丕信，

Time fo
An adve
for the s
of food

2003：277.

❼ 相应衍生出来的美食被称作"怀石料理"。"怀石"的叫法出现在日本江户时代的元禄时期，最早见于伪书《南方录》。该书称，怀石在禅林中叫做菜石，将烤热的温石放入怀中以温暖肚腹之意。参见：[日]原田信男，2011：58.

❽ 参见：[美]梅维恒，[美]郝也麟，2018：2.

❾ 孟德斯鸠（Charles Louis de Secondat，1689—1755），法国启蒙时期思想家、律师，也是西方国家学说和法学理论的奠基人。

❿ 同❽：7.

⓫ 其他人类经常食用或吸入的生物碱还包括吗啡、奎宁、麻黄素、可卡因、尼古丁等。

⓬ 在社会学中对应的一个概念是生物社会性（biosociality）。所谓生物社会性，是指由广义上的生物科技所构成的可能性条件，而形塑的社会关系、分类与体验。参见：Rabinow.1992.

⓭ 早在土地革命时期，社会主义公育制度就开始在根据地铺开。当时，"组织托儿所的目的是为若要改善家庭的生活，使托儿所来代替妇女担负幼儿的一部分教养的责任，使每个劳动妇女可以尽可能的来参加生产及苏维埃各方面的工作，并且使小孩子能够得到更好的教育与照顾，在集体的生活中养成共产儿童的生活习惯"。甚至有一首《托儿曲》来歌颂社会主义公育制度对"妇女解放"所发挥的重大作用：

劳动妇女真热心，

拿起锄头去春耕，

儿女送给托儿所，

集中力量为了革命战争。

托儿所，革命的家庭，

在这里，创造着新生的人类，

在这里，养育着将来的主人，

从集体的生活中锻炼红色的童婴，

为了新的文化新的世界而斗争！

参见：中国学前教育史编写组编，1989：364，369.

❹ 比如在那个时候，中国还并没有抑郁症，只有"神经衰弱"。参见：［美］凯博文，2008.（译自：Kleinman, Arthur. 1986. *Social origins of distress and disease：depression，neurasthenia，and pain in modern China.* New Haven：Yale University Press.）

❺ 当时，中央、地方两级政府在计划经济体制下，实行全民供给体制时，面向城镇居民所发行的商品购买凭证。粮票按发行机构的不同，可分为全国粮票、军用粮票、地方粮票和划拨粮票四种。当时供应的粮食除了细粮（北方主要指面粉，南方主要指大米）外，还有粗粮和杂粮，因此出现鲜薯、白薯、薯面、山芋干票，玉米票，土豆、马铃薯、山药票等。1993 年以后，粮票制度才在全国范围内取消。

❻ 高粱米和白米混合蒸成的米饭。

❼ 准确地说应该是萝卜丝无花果干。大部分"80 后"应该也是在长大以后，如我一样，是吃到了真正的无花果后才知

Time for
An adver
for the sc
of food

道这个惨淡的事实。零食中所含的无花果其实非常少，其酸酸甜甜的味道主要来自柠檬酸、甜蜜素等食品添加剂。

❸ 一种通过食品添加剂调整为蜜桃味的粉状糖果，多见于北方。

❹ 在美国及加拿大等西方国家和地区所流行的一道餐后甜点，多见于中餐厅，但配方却是基于日本传统的煎饼。"幸运饼干"的味道并不是重点，关键是里面包有类似箴言或者隐晦的预言字条，有时也印有"幸运数字"（如用于彩票等），翻译过的中国成语、俗语等，深受世界人民的喜爱。

❺ 参见：[美]薇薇安娜·A.泽利泽，2009.（译自：Zelizer, Viviana A. Rotman. 2005. *The purchase of intimacy*. Princeton，NJ：Princeton University Press.）

❻ 当时并不知道这种活动背后所蕴含的生物医学风险。城市垃圾，即便只是废纸盒、废旧金属都可能包含大量的足以让我们那个年龄的儿童致死的细菌和病毒。相对不幸的其实是中国大量只能选择以此为生的家庭。对此，可参见王久良的纪录片《垃圾围城》，以及：[美]罗宾·内葛，2018.（译自：Nagle, Robin. 2013. *Picking up : on the streets and behind the trucks with the sanitation workers of New York City*. New York：Farrar, Straus and Giroux.）

❼ 贝克（Ulrich Beck）认为，现代社会是风险社会，风险的存在成为普遍状态。在现代性条件下，风险更多地源自人为，如人类破坏自然环境后引发的生态灾难、恐怖主义、大规模战争爆发乃至核战的威胁，又或者是金融危机的突然爆发。在风险社会中，人们很难对自我身份以及行为的社

会物质环境的持续稳定怀有信心。在这种情况下，信赖的建立就有赖于人们对抽象系统背后知识的信心。参见：［德］乌尔里希·贝克，2004.（译自：Beck, Ulrich. 1992. *Risk society : towards a new modernity*. London ; Thousand Oaks, Calif. : Sage Publications.）以及：［英］安东尼·吉登斯，2000.（译自：Giddens, Anthony. 1990. *The consequences of modernity*. Stanford, Calif. : Stanford University Press.）

㉓ 出自歌曲《小小少年》，1970 年西德影片《英俊少年》插曲，当年在中国广为传唱。

㉔ 在单位制的体制下，福利分房制度决定了家属院实际上构成了比摄像头更具威力的一种监控网络。谁调皮捣蛋了，大人们总有办法通过各种途径传到当事人家长的耳朵里，尽管那个年代并没有手机，就连电话也不是十分普遍。

㉕ 指用迷药或者其他的手段来拐骗儿童，出自〔清〕李虹若《朝市丛载·人事·拍花》："拍花扰害遍京城，药末迷人任意行。多少儿童藏户内，可怜散馆众先生。"

㉖ 按照费孝通的解释，中国是典型的"熟人社会"。"好像把一块石头丢在水面上所发生的一圈圈推出去的波纹。每个人都是他社会影响所推出去的圈子的中心……亲属是自己人，从一个根本上长出来的枝条，原则上是应当痛痒相关，有无相通的。"不能被纳入"自己人"范畴的，则是"外人"。参见：费孝通，2005：32, 106.

㉗ 无疑，远近只是那个时候的概念，长大后那个距离当然并不觉得远了。不过大姨家和我家分属城市的两端，中间还

Time for
An adver
for the sc
of food

隔了一条内河，有一大段土路，骑自行车来回甚是危险。提到大姨，我内心里总是充满亏欠。大姨曾和爸爸在同一个厂工作，因此在我上小托班的时候，大姨也就承担起代理妈妈的职责。大姨作为一个普通工人，没有"干部身份"，挣的要更少一些。小时候不懂事，却总要在大姨带我逛市场的时候，这也问问，那也问问——话都不会说，就是"哼哼哼哼"地指。看着人家卖西瓜，没等人回答拿起来就咬，大姨只好付账。

❷❽ 列维—斯特劳斯（Claude Lévi-Strauss）认为，"生"属于自然的范畴，"熟"属于文化的范畴。这两个范畴的差异及变换以火的发现为指涉的焦点。普通的生食没有经过任何转换，而烹调过的或腐烂的食物则经历了转换，其中又有不同，烹调过的食物是经由文化手段改变的，而腐烂的食物则是通过自然达成的。列维—斯特劳斯以著名的烹饪三角来表示这种关系。参见：[法]克洛德·列维—斯特劳斯，2007：484.

❷❾ 果冻主要原料为水、食糖、增稠剂（比如卡拉胶）、魔芋粉、酸味剂、食用香精香料、色素等，基本上和营养沾不上边。现在，网友普遍认为果冻产品（包括老酸奶）含有大量的工业明胶。为此，中国食品工业协会糖果专业委员会还特别发表声明表示，明胶可用于果冻生产，但由于果冻酸性较高，而明胶稳定性较差，在酸性条件下极易降解，用其生产出的果冻产品缺乏韧性、口感不佳，还会形成混沌，影响果冻透明感观。因此，企业通常不会选择明胶来生产果冻。

❸❿ 牙仙是欧美等西方国家传说中的妖精。传说中，小孩子脱掉乳齿后，将乳齿放在枕头底下，夜晚时牙仙就会取走放

157

在枕头下的牙齿，换成一个金币，象征小孩将来要换上恒齿，成为一个大人。相比之下，中国也有自己的习俗来纪念乳牙和恒牙的替换。比如在北方，被替换下来的下牙要放在门框上沿，上牙要放在门槛下，寓意是让换上来的恒牙朝正确的方向生长。

㉛ 参见：阎云翔，2012：304—305.（译自：Yan, Yunxiang. 2009. *The individualization of Chinese society*. Oxford；New York：Berg.）

㉜ 著名文化人类学家，可以说是其著作《甜与权力》开启了饮食人类学这一分支。详见：[美] 西敏司，2010：6，189，210（译自：Mintz, Sidney W. 1985. *Sweetness and power：the place of sugar in modern history*. New York, N.Y.：Viking.）.

㉝ 参见：[日] 村上龙，2013：286，284. 网友 hideinthecrowd 在阅读完本书后，曾有一句经典的话被误传为村上龙所写。hideinthecrowd 说："如果有一天，你想起了一个人，以及和他在一起吃的食物，那个时候，你就知道，孤独的味道尝起来是如何的。"参见：https：//book.douban.com/review/5792360/.

㉞ 参见：[德] 海德格尔，1999：276，292.

㉟ 参见：[法] 米歇尔·德·塞托，2014：223—224.

㊱ 参见：[加拿大] 查尔斯·泰勒，2012：50—51.

㊲ 同 ㉟：206.

㊳ 参见：Mol, 2008：33.

㊴ 参见：Biehl, 2007.

Time for

An adven

for the so

of food

❹ 实际上上述两种观点对应着两种社会学观念，分别对应着涂尔干（Émile Durkheim）传统的"社会的社会学"和塔尔德（Gabriel Tarde）传统的"联结的社会学"。法国哲学家、人类学家拉图尔（Bruno Latour）批评"社会的社会学"仅是以熟悉"替代"陌生、以一种修辞"替代"另一种修辞、或以一种背后的所谓"社会力量"替代行动者和研究对象本身的过程。他认为，在与之相对的"联结的社会学"中，解释并不是"认知神秘化"或"替代"的过程，而是一项实际的世界构造工程。参见：Latour, 2005.

❹ 参见：Claude Lévi-Strauss, 1966.（法文原文：Lévi-Strauss, Claude. 1965. "Le triangle culinaire." l'Arc [26]：19—29.）

❹ 参见：参见：[美] 西敏司，2015：31.（译自：Mintz, Sidney W. 1996. *Tasting food, tasting freedom：excursions into eating, culture, and the past.* Boston：Beacon Press.）

第二章

❶ 参见：Mead，1943.

❷ 参见：［美］西敏司，2015：5.

❸ 同上，62.

❹ 参见：〔清〕曹雪芹，〔清〕无名氏，2008：第四十一回.

❺ 鲞，本义为剖开晾干的鱼，后泛指成片的腌腊食品。茄鲞是《红楼梦》里少有的全面描写了主料、配料、烹饪方法和口感的菜品。不过在不同版本中，细节上有所差别，此其一。其次，据周汝昌先生说，有人真的按照王熙凤所说的去如法炮制，结果做出来的"茄鲞"并不好吃。不过周也承认："茄子一物，可谓常品之常，'贱'（谓价钱也）蔬之贱者也，可是，这种东西的'变化性'最为奥妙。"参见：周汝昌，2004.

❻ "取冰西瓜瓤，切厚片，蘸以鸡蛋面粉之糊，入滚油中炸之，立即取出（切勿过久）。蘸白糖食之，骨酥无比。北方筵席，盛暑时每用炸冰块，然较此远逊矣。"参见：壮悔. 四瓜食谱，申报，1928—07—30.，转引自：刘启振，王思明. 2019.

❼ 其实并不然。比如在紫苏叶的条目下写道，可以与"甘草、滑石等分，水煎服。（《慎斋遗书》）"来治疗吐乳。参见：南京中医药大学，2006：3288.

❽ 关于素质话语在中国的流行，请参见：Kipnis，2006，以及：Kipnis，2007.

❾ "大力水手"的形象最早是 1929 年 1 月 17 日出现在美国《*Thimble Theatre*》杂志上的连环漫画。尽管有说法认为

Time for
An adver
for the sc
of food

160

在当时，菠菜在美国的俚语中意味着大麻，漫画一问世还是引发了当地食用菠菜的热潮。需要注意的是漫画创作时正值美国的"大萧条"。相较于现实，漫画里的大力水手不用面对经济危机，不用操心养家糊口，吃一罐菠菜所有问题都能迎刃而解。这大概也是对美好生活的一种想象。

❿ 参见：中国民间文学集成全国编辑委员会，《中国民间故事集成・吉林卷》编辑委员会. 1992：10.

⓫ 东北方言，指母鸡体内没有成形或者有畸形的鸡蛋雏形。但鸡蛋在没有受精的情况下只是鸡的卵子，严格意义上讲并不算生命。

⓬ "烧钱"本质上是一种典型的允许民众去愚弄等级制度所强化的仪式实践，如穿着、住行、葬礼、随葬品和纪念物等的仪式实践。在古代为士大夫阶层所不齿。不过劳动人民则经常会亲手制作纸钱和元宝，以期吸引神灵的注意，确保神能够"看到"并"心领"。相关讨论可参见：［美］柏桦，2019：153，79.（译自：Blake, C. Fred. 2011. *Burning money : the material spirit of the Chinese lifeworld.* Honolulu : University of Hawaii Press.）

⓭ 许烺光，1997.（译自：Hsu, Francis L. K. 1983. *Exorcising the trouble makers : magic, science, and culture.* Westport, Conn. : Greenwood Press.）

⓮ 现今网络用语，一般用来形容学习好的孩子，比如可以（模仿父母的口气）说："你看别人家的孩子，数学怎么就那么好呢！"

⓯ 外耳道软骨部皮肤具有耵聍腺，其淡黄色黏稠的分泌物

称耵聍，俗称耳屎。耵聍在空气中干燥后呈薄片状，平时能够借助咀嚼、张口等运动自行排出。

❶❻ 茯苓饼是北京出产的一种滋补性传统名点，因皮薄如纸且颜色雪白，很像中药里的云茯苓片，故称茯苓饼。按照中国的传统礼仪，来客和旅行归来者还要带礼物。自周朝起，这些礼物习惯上都是食品。中国的旅行者外出时，也都要寻觅当地的名产美味带给家人。这种风俗传到了日本……机场和途中城市的商店会以昂贵的价格供应特定的礼品。参见：[美]尤金·N·安德森，2003：199.（译自：Anderson, E. N. 1988. *The food of China*. New Haven：Yale University Press.）

❶❼ 鸡蛋在孵化过程中受到不当的温度、湿度或者是某些病菌的影响，导致鸡胚发育停止，死在蛋壳内尚未成熟的小鸡。

❶❽ 马丽思在西安的田野调查发现，伊斯兰老人在饮食禁忌的方面更加严格。相比之下，小朋友却可以去汉人的超市买汉人的零食吃。参见：马丽思，2017：51—78.（译自：Jing, Jun. 2000. *Feeding China's little emperors：food, children, and social change*. Stanford, Calif.：Stanford University Press.）

❶❾《圣经·旧约》的一卷书，本卷书共27章。记载了有关选自利未族的祭司团所需谨守的一切律例。

❷⓿ 转引自：[英]道格拉斯，2008：58.（译自：Douglas, Mary. 1966. *Purity and danger：an analysis of the concepts of pollution and taboo*. London：Routledge and Kegan Paul.）

Time fo

An adver

for the sa

of food

❷❶ 同上,45。一个有趣的例子是联合利华公司在印度推行"让大众承受得起的"力宝肥皂时,就面临着这样的文化冲击。通过焦点小组发现,印度人普遍认为用水洗手就是洗手了。肥皂的替代品也有很多,比如泥土或灰渣。甚至很多人根本不认为自己手脏。参见:[美] C. K. 普拉哈拉德,2015:212.(译自:Prahalad, C. K. 2009. *Fortune at the Bottom of the Pyramid, The : Eradicating Poverty Through Profits*:[Revised and Updated 5th Anniversary Edition]. Upper Saddle River, NJ : Wharton School Pub.)

❷❷ 参见:[美] 马文·哈里斯,2001:第四章.(译自:Harris, Marvin. 1998. *Good to eat : riddles of food and culture.* Prospect Heights, Ill. : Waveland Press.)

❷❸ 中国甚至在很长一段时间用猪乳作为婴儿的代乳品,并明确说"牛乳则不及猪乳……但也适合婴儿食用"。《本草纲目》记载,在小猪吃奶的时候,先把母猪的后脚提起,然后立刻用手榨取,就可以获得新鲜的猪乳。参见:卢淑樱,2018:16—17.

❷❹ 1937年,荷美尔(Hormel)公司发明了一种名为SPAM(全部字母都需要大写)的午餐宴会吃的肉(luncheon meat,多见于中产及以上阶级的生活习惯)。参见:Matejowsky, 2007. 在中国这一类罐头食品都被称为午餐肉(也有商家,如天津长城直接称之为"火腿猪肉")。从字面的意思上看,SPAM 就是加了香料(Spices)的火腿(Ham)罐头,甚至最开始就叫做"Hormel Spiced Ham"。作为一种典型的

高钠、高脂肪食物，其实并不适合小朋友食用。直到1957年捷克食品专家到上海梅林罐头厂指导，中国才生产出第一罐午餐肉。在物资匮乏的年代，午餐肉罐头常常是生病了、过节了才能吃到的"奢侈品"。

❷❺ 哈里斯（Marvin Harris）指出，印度禁食牛肉的经济理性在于"母牛不仅产奶，而且是印度的土地与气候之下最便宜也最有效的拉犁动物的母亲"。同 ❷❶：65. 出于同样的缘由，中国很多朝代比如宋朝会命令禁止杀牛。不过在经济利益的驱使下，杀牛售牛还是屡禁不止，牛肉的价格也一度比羊肉甚至猪肉还便宜，因此只有士大夫阶层才会鄙视吃牛肉的贫民。只要是在"不当的位置"上，比如中低档的小饭馆，或是食客本身就是不服管的梁山好汉，上来就要"两斤熟牛肉"来吃是完全没问题的。上流社会对于羊肉的钟爱从陆游的《老学庵笔记》中就可见一斑。笔记说："苏文熟，吃羊肉；苏文生，吃菜羹。"里面提到的苏东坡，也是一个典型的吃货，而且特别爱吃羊肉。不但自己吃，吃到"风毒攻右目，几至失明"都照吃不误，还带动身边的朋友吃。当然被贬吃不到羊肉这等上等肉时，才会吃猪肉，酸酸地说"贵者不肯吃，贫者不解煮"。不过苏东坡却从不吃牛肉——或许即便吃了，也不能提。

❷❻ 例如，按照基督教（东正教）的教义，鸡蛋和鸡汤以及羊肉和羊奶都不能同食。这里体现了一种对于乱伦禁忌的排斥。需要指出的是，东方却很少有这样的饮食禁忌，甚至亲子盖饭（或称滑蛋鸡肉饭），即以鸡肉、鸡蛋、洋葱等覆盖在饭上，再以碗盛装而成的丼物，成了日本料理的一个经典。

❷ 参见：[英]莉琪·科林汉，2019：117.（译自：Collingham, Lizzie. 2017. *The hungry empire : how Britain's quest for food shaped the modern world.* London : Basic Books.）

❷ 参见：皮国立，2019.

❷ 一种东北地区的冬季水果，主要由梨冷冻后变质而成，酸甜可口的梨，也称冻梨。

❸ 参见：李木兰，2018.（译自：Yue, Isaac, and Siufu Tang. 2013. *Scribes of gastronomy : representations of food and drink in imperial Chinese literature.* Hong Kong : Hong Kong University Press.）

❸ 即因为某原因，经过某过程（也可以无原因无过程），从所在时空（A 时空）穿越到另一时空（B 时空）的事件。时下已经成为一种小说和影视剧的类型。不过早在晚清时期，穿越小说已经初现端倪。如科幻小说《新石头记》（最初在《南方报》上连载，后印成单行本）就描绘了贾宝玉在光绪二十七年（1901 年）复活，进入"文明境界"，并见识了一堆新技术的事。

❸ 参见：Lowenthal, 1985.

❸ 后来通过阅读才知道，这种生活方式大概缘于英国工业精神的衰落或者说对田园生活的复归。参见：[美]马丁·威纳，2013.（译自：Wiener, Martin J. 1992. *English culture and the decline of the industrial spirit, 1850—1980.* Harmondsworth : Penguin Books.）是否果真如此，我是无从考证的。毕竟按照中国的礼俗（也许英国也是一样），

第二章

165

以任何方式提出教授的烤肉方法可能不洁都是一种冒犯。

❸❹ 家长们知道孩子吃糖不好，却对很多不自称为糖的东西缺乏鉴别能力，比如水果点心、麦片，甚至运动能量棒都不被看作是糖果。这几乎是一个世界范围内的普遍现象。也有人因此感叹，为什么一碗加了彩虹棉花糖的糖霜麦片圈就可以算作"早餐"，而不是"糖果"呢？参见：[英]比·威尔逊，2019：115.（译自：Wilson, Bee. 2015. *First bite : how we learn to eat*. New York : Basic Books.）在特殊的场合吃糖也是可以的，比如时下父母们都会给孩子买生日蛋糕。无论口感如何，里面都包含了大量的糖。好在我小时候还不流行，否则一口恒牙也恐怕要蛀光了。

❸❺ 米德也发现，美国的父母在儿童的饮食问题上，也通常使用典型的双重标准。因为他们是小孩子，平时会被鼓励吃一些"对健康有益"的食物，长大以后才可以吃那些被要求少吃的。结果导致了大部分孩子，特别是男孩子在长大后会故意选择那些对他们身体无益的食物。参见：Mead, 1943.

❸❻ 这里所说的电视剧是指央视82版《西游记》，改编自明代小说家吴承恩同名文学古典名著。但原著中并没有学人吃面条这个桥段，原著（第一回）只是说他：

> 弃了筏子，跳上岸来，只见海边有人捕鱼、打雁、
> 穵蛤、淘盐。他走近前，弄个把戏，妆个窪虎，吓得那
> 些人丢筐弃网，四散奔跑，将那跑不动的拿住一个，剥
> 了他的衣裳，也学人穿在身上，摇摇摆摆，穿州过府，
> 在市廛中，学人礼，学人话，朝餐夜宿……

Time fo
An adve
for the s
of food

❸❼ 参见：华琛."麦当劳在香港：消费主义、饮食变迁与儿童文化的兴起".［美］詹姆斯·华琛，2015：89—120.（译自：Watson, James L. 1997. *Golden arches east : McDonald's in East Asia. Stanford*, Calif. : Stanford University Press.）James L. Watson 一般将自己的名字翻译成华琛，因此本书均遵照其本人意愿将误译文"华生"做相应的修正。下同。

❸❽ 窦燕山，原名窦禹钧，五代后周时期人，祖籍蓟州渔阳，属古代的燕国，地处燕山一带，因此，后人称之为窦燕山。

❸❾ 这个桥段出自阎云翔的田野观察，用以说明社会大环境变化，所导致的性别关系与家庭关系的变化。在《私人生活的变革》第四章一开篇，阎云翔就写了这个故事：

在 1990 年一个寒冷的冬夜，下岬村 64 岁的老李喝下一瓶农药自杀。他自杀的原因村里人谁都清楚：他与小儿子以及儿媳妇关系不和睦，早就嚷嚷要自杀了。

参见：阎云翔，2009：101.（译自：Yan, Yunxiang. 2003. *Private life under socialism : love, intimacy and family change in a Chinese village*, 1949—1999. Stanford : Stanford University Press.）

❹❶ 参见："科学提要：食物相克试验（原著英文）".科学，1936，20（3）：251. 中国目前的相生相克说大多受到了中医药学的配伍禁忌"十八反、十九畏"原则的启发。所谓"十八

反、十九畏"，是指部分药物混合使用，会增强其毒性反应或副作用，服用后会影响健康，甚至危及生命。不过有趣的是，历代著名医家常有违反十八反、十九畏的方剂。

❹ 在老有所养的基础上，具有中国特色的一个提法是老有所用。如1982年3月《人民日报》头版的一篇文章就明确指出："尊重和关心离职的老同志，虚心听取他们的意见，重视他们的经验，使他们老有所养、老有所用。"参见：徐逊. "冷板凳"怎样不冷？. 人民日报，1982—03—23：1.

❹ "临行密密缝"，唐孟郊《游子吟》诗句。

❹ 即导盲，穷人家的孩子可以因此获得一点微薄的报酬。

Time fo
An adve
for the s
of food

第三章

❶ 不得不承认，瘦肉精的说法的确不是空穴来风。其实早在二十世纪九十年代，中国南方使用瘦肉精养猪的做法就已经成为业内"公开的秘密"。广东河源和上海都出现过大规模的瘦肉精中毒问题，还出现过人员死亡的情况。参见：Shen, 2012. 有趣的是 2019 年北京时间 11 月 16 日凌晨，备受瞩目的孙杨听证会在瑞士蒙特勒结束。孙杨的母亲杨明在接受记者采访时表示："孙杨游泳二十几年，我们对兴奋剂问题都是非常严谨的。我刚才讲了，孙杨已经十几年没吃猪肉了。"此言也意味深长。参见：http://sports.sina.com.cn/others/swim/2019—11—16/doc-iihnzahi1273445.shtml.

❷ 脚气病（Beriberi），维生素 B1（硫胺素）缺乏所导致的一种疾病，严重时可以致命。上述材料转引自:[英] 顾若鹏，2017 : 103—108.（译自：Kushner, Barak. 2012. *Slurp! : A social and culinary history of ramen*, Leiden : Boston : Global Oriental.）公元 675 年，日本天武天皇受到佛教思想的影响颁布了"肉食禁止令"，要求国民在农耕时期即每年的 4 月初到 9 月末禁食兽肉，即牛、马、犬、猿（猴）、鸡等有脚动物的肉。当然，"要保存可以拖车的兽力以维持、增加农业的生产力"实际上构成了宗教以外的强化肉食禁忌的主要原因。参见：Hanley, 1997 : 65—66. 当然和动辄"切两斤熟牛肉"的中国武林人士一样，日本下层的"贱民"偷食兽肉的情况普遍存在，而且日本人对卤肉与

野猪等野味一直青睐有加。因此脚气病甚至成为只在吃精米的上流社会中流行的罕见病。不过不得不说，正是因为禁食兽肉才让日本发展出精湛的鱼料理和豆腐料理（两者均没有脚，因此能吃）。直到1919年，东京大学维生素专家铃木梅太郎才发现脚气病与饮食中缺乏维生素B1有关。1939年，政府制定了米谷配给统制法，推广食用本来就含有丰富维生素B1的糙米，情况才有所改善。比如陆军考虑到野战行军伙食的特点，尽管主食仍然以米饭为主，但为了预防脚气病，还是在米饭中掺入了糙米。同时，为了满足军队移动或阵地战等需要，罐头食品和肉类也被当作重要的副食。参见:[日]原田信男，2011：116.

❸ 其实大多数中国人都分不清脚气病和脚气，即脚癣（俗称"香港脚"）。参见：廖育群，2000.，以及：Fan，2004. 不过司马蕾（Hilary A. Smith）也明确指出，脚气在中国本是一系列疾病的统称。19世纪末开始受到日本医学翻译名词的影响，才把脚气和脚气病等同了起来。参见：Smith，2017.

❹ 参见：赵汀阳，2016，以及：项飙，2012. 项飙认为，中国人无论在谈论天下还是世界时，他者都是绝对化和外在化的。相比之下，能不能把自我对象化，是传统天下观和现代世界观的一个本质区别。

❺ 参见:[美]艾尔弗雷德·W.克罗斯比，2017：第四章.（译自：Crosby, Alfred W. 2003. *The Columbian exchange : biological and cultural consequences of* 1492. 30th anniversary ed. Westport, Conn. : Praeger.)

Time fo
An adve
for the s
of food

❻ 这本质上构成了以汉文化为主体的中原文化对于南方尤其是西南地区的地域偏见与族群歧视。疟疾方面可参见：张文，2005. 而香港脚方面，从曾在香港大学任教的陈君葆（1898—1982）的日记中就可见一斑：

　　上海人称之为香港脚，香港人原称之为"星加坡脚"，星洲人却称之为曼尼剌脚，曼尼剌人称之为甚么，我可没细考查。（1944 年 8 月 3 日）

参见：陈君葆，1999：700.

❼ 参见：Sun，2014.

❽ 前身为始建于 1915 年的市电话局。

❾ 哈哈镜是一种曲面镜，利用光学原理，把人照成千奇百怪的模样，不禁让人捧腹。最初流行于二十世纪三十年代的上海，是当时游乐场必备的装置。参见:连玲玲，2018:第三章.

❿ 与日本的甲午战争战败后，清政府与沙俄在 1896 年签订了《中俄御敌互相援助条约》(简称《中俄密约》)，允许俄国修筑"东清铁路"。1901 年，"东清铁路"南支线于后来的公主岭站举行接轨仪式。公主岭站在"东清铁路"建成之初曾叫"三站"，是铁路线上九个二等站之一，后更名"公主陵站"。公主陵本是乾隆与原配富察氏所生的固伦和敬公主夫家色布腾巴勒珠尔的领地，因公主死后将衣冠葬于此地而得名。日俄战争日本战胜后，根据 1905 年日俄两国签订的《朴次茅斯和约》规定，以长春宽城子站为界，以南的铁路由日本接管，这一段改称"南满铁路"，也包括公主陵站。

1906 年，公主陵站正式改名为公主岭站。

❶ 称为"泰平桥"，钢架木质结构桥，1911 年建成。

❷ 长春的有轨电车由日本新京交通株式会社于 1940 年建造，第一条线路于 1941 年 11 月 11 日正式通车。

❸ 南湖公园是伪满时期新京长春新街区南部最大的公园，在日本人规划设计的时候称为黄龙公园（黄龙即是皇帝的意思，当时将皇宫、顺天大街、黄龙公园设计在一个轴线上，和北京颇为相似）。公园一可以美化城市，二可以在旱时起到蓄水的作用。1942 年，新京曾发生过干旱，净月潭蓄水池也趋于干涸，南湖的水当时起到了很大的作用。参见:[日]越泽明，2011 : 133—134.

❹ 1908 年日本人兴建公园一处，后更名为儿童公园。

❺ 十九世纪末，随着"东清铁路"的修建，大量的俄罗斯人来到中国东北。1900 年，俄罗斯商人伊万·雅阔列维奇·秋林在哈尔滨市创建了秋林洋行。1909 年，在一名立陶宛员工的努力下，在道里商务街建立了秋林灌肠庄，生产立陶宛风味的香肠，被称为立多夫斯香肠，俗称里道斯香肠。后来这一类香肠都被统称为哈尔滨红肠。

❻ 当时的满人以及今天大部分东北人都平卷舌不分，搁这[zhe] 和鸽子 [zhi] 的发音在满人／东北人轻读的情况下的确很像。

❼ "中心—半边缘—边缘"是沃勒斯坦（Immanual Wallerstein）世界体系理论的一个核心概念。沃勒斯坦认为，"中心—半边缘—边缘"的关系是一个动态变化的过程，其中又以半边缘的地位为最不稳定。半边缘地区代表了从中心

Time for
An adven
for the so
of food

到边缘这个连续统一体中的一个中间点。参见：［美］伊曼纽尔·沃勒斯坦，1998.（译自：Wallerstein, Immanuel. 1974. *The modern world-system : capitalist agriculture and the origins of the European world-economy in the sixteenth century.* New York : Academic Press.）

❶❽ 当然，这可能是当时的一个错觉。脆皮鸡并不是不加任何香料。相反，制作的第一步就是放入白卤汤锅内，用小火煮至八成熟。其制作关键大概有三个：一个是要用麦芽糖涂抹鸡的全身；一个是下锅炸之前一定要放在通风处晾皮；一个是炸的时候一定要先把热油灌入鸡肚内，把鸡肉渍透，然后才能用油把鸡皮浇上色。参见：北京饭店，1979：412—413.

❶❾ 又称玉片，是用虾汁加淀粉制成的一种油炸膨化食品。

❷⓿ 指用铁镬（即铁锅）快炒食材，借助猛烈火力来保留食材味道、增添焦香的烹调方法。使用这种烹调方法，会炒出特有的香气，附着在每一条菜、每一块肉上面。镬气的本质是一种焦火香气，来自美拉德反应等化学变化。

❷❶ 参见：［美］西敏司，2010：125. 按照西敏司的理解，英国的工人第一次喝下一杯带甜味的热茶时，英国社会就发生了质的变化。

❷❷ 参见：［法］皮埃尔·布尔迪厄，2015：132—134.

❷❸ 同上，113.

❷❹ 魏昂德（Andrew G. Walder）认为，表现是领导对职工行为主观性的日常评价，并据此来决定他们在单位中所获得的待遇。从本质上见，表现是利用了人民大众自我牺牲的

第三章

道德口号来激励职工。参见：[美] 华尔德，1996：148—149.（译自：Walder，Andrew G. 1986. *Communist neo-traditionalism：work and authority in Chinese industry*. Berkeley：University of California Press.）舅舅兄妹三个，大姨也比母亲长 10 岁。实际上姥姥还有其他的孩子，都由于特殊的历史、政治原因夭折了。

㉕ "文革" 时对政治身份为地主、富农、反革命分子、坏分子、右派等五类人的统称，合称 "地富反坏右"，与 "红五类" 相对。

㉖ 母树大红袍指的就是那三棵生长在福建武夷山九龙窠 "大红袍" 摩崖石刻边的母树，据说在清朝是特供给皇帝享用的茶树，现已被列为省级文物保护对象。猫屎咖啡实际上是麝香猫吃下成熟的咖啡果实，经消化系统排出体外，再对其排泄物进行收集加工。麝香猫体内的发酵过程和消化酶功效造就了咖啡豆特别浓稠香醇的风味。两者在茶和咖啡的世界里都算是一等昂贵的，但却不能说是最贵。

㉗ 参见：肖坤冰，2013：第三章.

㉘ 参见：[英] 罗伯特·福琼，2016. 以及：[美] 萨拉·罗斯，2015.

㉙ 斯科特曾历史性地指出，农民等社会底层为保护自己的利益通常会避免直接地、象征性地与权威对抗。相反，他们只能通过偷懒、装糊涂、开小差、假装顺从、偷盗、装傻卖呆、诽谤、纵火、暗中破坏等等方式实现某种象征性地对抗。参见：[美] 詹姆斯·C·斯科特，2007.（译自：Scott, James C. 1985. *Weapons of the weak：everyday forms of peasant resistance*. New Haven：Yale University

Time fo
An adver
for the s
of food

Press.）

㉚ 参见：[英]艾伦·麦克法兰，[英]艾瑞丝·麦克法兰.
2006：203.（译自：Macfarlane, Alan, and Iris Macfarlane.
2003. *Green gold : the empire of tea*. Edited by Iris
Macfarlane. London : Ebury.）

㉛ 同上，204.

㉜ 参见：[美]萨拉·贝斯基，2019.（译自：Besky, Sarah.
2013. *The Darjeeling distinction : labor and justice
on fair-trade tea plantations in India*. Berkeley :
University of California Press.）

㉝ 参见：纪录片《黑金》（*Black Gold*）。该纪录片描述了
在世界贸易的体制下，咖啡农的劳动所得仅仅是咖啡零售价
格的十分之一或者更低的事实。

㉞ 米兰是幼儿读物《周末与爱丽丝聊天》中的主人公，参见：
程玮，2011：第一章. 其实早在十八世纪，进步人士，如英
国船舰事务长汤玛斯（Aaron Thomas）就在航海日志中写
道：

我绝不在茶里面加糖，因为糖里只有黑人的血。

但实际上在制糖早期，白人流的血和非洲人一样多。参见：
[英]莉琪·科林汉，2019：82.

㉟ 参见：[美]西敏司，2015：63.

第四章

❶ 关于礼物和关系学的探讨可参见:[美] 杨美惠,2009.(译自 : Yang, Mayfair Mei-hui. *Gifts, Favors, and Banquets : The Art of Social Relationships in China.* Ithaca, N.Y. : Cornell University Press, 1994.)

❷ 那个时候吃到的苹果,准确来讲应该是"公主岭国光",是吉林省农科院(前身为 1913 年建立的日本南满铁道株式会社公主岭农事试验场)委托内蒙古农科所栽培的国光苹果品种。国光苹果原产美国弗吉尼亚州,后经日本引入中国。而富士苹果则是日本农林水产省果树试验场盛冈分场于 1939 年以国光为母本,元帅为父本进行杂交,历经 20 余年得到的优良晚熟苹果品种。

❸ 干豆腐又名千张,在大豆的洗涤、浸渍、磨碎、榨汁、煮沸以及凝固等工序上均与制作豆腐相同,唯独压榨的时候取棉纱布的一端放置在豆腐架内,将凝固的豆腐花倒置在布上,再用布覆盖。就这样,一层豆腐花一层布,直到盛满豆腐架,上覆木板用重物压制两三个小时,待豆腐紧实后将布取下就是干豆腐。参见 : 金培松 . 1940 : 57—58. 东北人吃干豆腐基本上只有生吃和肉炒两种,至多切片。但干豆腐入菜谱则多切丝,如名菜"臊子千张",本质上就是用猪肉末和干豆腐丝所煮成的汤。参见 : 第二商业部饮食业管理局,1960 : 148—149.

❹ 和造纸一样,干豆腐的磨碎、凝固和压制等关键工艺都是保留在作坊主头脑中的秘密,并且在家族中依照严

Time for
An adven
for the so
of food

格的制度进行传承。可惜并没有任何研究关注干豆腐的工艺，相反造纸工艺研究的经典作品可参见：[德] 艾约博，2016.（译自：Eyferth, Jan Jacob Karl. *Eating Rice from Bamboo Roots：The Social History of a Community of Handicraft Papermakers in Rural Sichuan, 1920—2000.* Cambridge, Mass.：Harvard University Asia Center, 2009.）

❺ 在饮食人类学中，有一个专门的名词来形容地方的味道，叫"风土"（terroir）。风土即代表着独特的自然地理环境（包括气候、土质、水质等），比如法国红酒的波尔多产区；又包含了独特的加工该食物的制造方式，比如每个酒庄的造酒秘技；更有能凸显出食物特色的地方文化，比如波尔多的酒就被认为是与法国过去的贵族历史和贵族品位密切相连。参见：Pratt, 2007.

❻ 比如二十世纪七十年代一个菜谱终于写到了炸酱面的做法：

　　　　原料：拉面条一斤，猪夹心肉二两五钱。
　　　　调料：黄酱一两二钱，京葱末五分，黄酒二钱，盐二分，味精五分，麻油七钱，清汤一两，猪油三钱。
　　　　操作方法：
　　　　制酱：将猪夹心肉用刀斩成绿豆粒。即烧热锅，用猪油炒香肉末，随即加入黄酱同炒，再放入葱末、黄酒同炒，直炒至肉与酱出现分离时，加入清汤，使肉与酱混合，最后浇上麻油，浇在熟拉面条上即好。

色彩：酱红色。

特点：香，鲜，无生酱味。

参见：国际饭店，1979：196—197.

❼ 参见：[英] 霍布斯鲍姆，[英] 兰格. 2004：2—4.（译自：Hobsbawm, E. J., and T. O. Ranger. *The Invention of Tradition*. Cambridge：Cambridge University Press, 1983.）

❽ 参见：牟军，2016：第一章.

❾ 参见：刘一达，2004：121—124.

❿ 别忘了过桥米线的传说本身就是以家庭为背景的。传说古时一位秀才娘子为苦读的丈夫送米线充饕飧，为保温保鲜，于是以壮鸡煨汤，以一烫即熟的薄切肉片并米线送至里许之外的书塾饷夫，由于途程中要过一座小桥，从而将这种氽烫而食的米线食品称为"过桥米线"。同 ❽。不过这个传说也大致兴起于二十世纪七八十年代，比如1979年香港出版的一本相当于旅游手册的《云南奇趣录》（昆明1980年重印）就写了这个故事。参见：张铮，1979：4—6. 需要指出的是，实际上连过桥米线源自蒙自这件事都值得商榷。比如按照《中国名菜谱（第11辑）》的说法：

过桥米线是云南省著名的特殊风味食品。相传在明朝末年首创于滇南红河自治州的建水县，一九二〇年流传到昆明市。到一九三一年昆明有专门售卖过桥

Time for
An adver
for the sc
of food

米线的德鑫园食馆开业……吃米线时是用筷子夹着米线入汤碗里烫过再吃，其形状好似过桥，因此就习称为过桥米线。

而且根据云南名店名厨师的介绍，用鸡蛋面代替米线也绝对是正宗的吃法。参见：第二商业部饮食业管理局，1965：120—125.

❶❶ 参见：张静红，2016.

❶❷ "新疆街"原位于海淀区魏公村旁，是一条和中关村南大街（前白石桥路）呈丁字形的小衍，街北中央聚集着近十家新疆风味的餐馆。现已基本不复存在。参见：庄孔韶，2000.

❶❸ 参见：《最美中国》编写组，2015：237.

❶❹ 参见：方如果．2007—09—15.

❶❺ 参见：名吃特产编委会，2008：347.

❶❻ 参见：北京饭店，1979：98—386.

❶❼ 参见：梁平汉，2016.

❶❽ 显然这并不是什么道地的吃法。馕这种易于保存的干性食物在新疆一般用来配烤肉，现切的羊肉用随处可见的红柳枝烤熟，然后用馕这么一撸，就夹着吃。显然和馕包肉一样，这也属于新疆菜典型的"二合一"吃法。

❶❾ 原文用词为本真性（authenticity），在中文世界中基本上也存在道地和本真性两种译法。参见：胡嘉明，2018：1—3, 196.

❷⓿ 葫芦鸡据说是西安的传统名菜，是老字号西安饭庄的当

家菜品，1988年，获商业部优质食品"金鼎奖"。其选料是西安城南三爻村的"倭倭鸡"，这种鸡饲养一年，净重1000克左右，肉质鲜嫩。制作时经过清煮、笼蒸、油炸三道工序，成品以皮酥肉嫩、香烂味醇而著称，被誉为"长安第一味"。现多放在半个葫芦里摆盘，凸显其名。当然，上述说法在菜谱中并无此考证。比如1978年出版的《中国菜谱》中，葫芦鸡收录在"安徽"分册而不是"陕西"分册当中。更玄乎的说法是：

> 葫芦鸡创始于唐吏部尚书韦陟的家厨。据《酉阳杂俎》和《云仙杂记》记载，韦陟穷奢极欲，对膳食极为讲究，命家厨烹制酥嫩的鸡肉。第一个厨师采用先煮后油炸，韦陟尝后，嫌肉质太老，命家丁将这个厨师鞭打五十致死；第二个厨师采用先煮后蒸，再油炸的方法，鸡虽酥嫩，但鸡肉脱骨成碎块，韦陟嫌不成形，便将这个厨师活活打死；第三个厨师吸取前二位的经验教训，把鸡捆扎起来，而后烹制形如葫芦，香醇酥嫩，颇得韦陟赏识。后来人们就把这样烹制的鸡称为"葫芦鸡"，一直流传至今。

但这多半也是讹传。《酉阳杂俎》本就是唐朝段成式写的一部笔记小说集，《云仙杂记》也旨在"记古人逸事，传记集异之说"，两者均无葫芦鸡的相关记载。《新唐书》中倒是的确说了韦陟"穷治馔羞，择膏腴地艺谷麦，以鸟羽择米，每食视庖中所弃，其直犹不减万钱，宴公侯家，虽极水陆，曾不下箸"。同样并未包含上面的恐怖故事。韦陟版"葫芦鸡"的传说可参见：王子辉，1981：5.

㉑ 同 **❺**：293.

㉒ 参见：Jason Horowitz. 2017.

㉓ 参见：韩国 KBS《百年老店》制作组，2015：9—10.

㉔ 有趣的是蒙自也曾发布过"过桥米线标准"和"过桥米线企业标准"。标准包括 8 章 26 条 25 款，分别涵盖了鲜米线要求、原料要求、拼盘制作及内容要求、档次划分、汤料制作要求、上桌要求等内容。参见：傅小冰. 云南蒙自发布过桥米线标准. 中国质量报，2010—02—22. 有人说出台米线标准完全是蒙自米线过度扩张自己惹的祸。很多消费者反映包括桥香园在内的米线店"汤都是温的"，因此标准特别强调了汤要 95℃以上。对此，网友戏称以后吃米线要带一个温度计才行。

㉕ 参见：[英] 莉琪·科林汉，2019：55—72.

㉖ 参见：Paxson，2012：第四章 .

㉗ 参见：Gvion and Trostler，2008.

㉘ 处于美国历史的南北战争和进步时代之间，时间上大概是从 1870 年代到 1900 年。 这个名字取自马克·吐温第一部长篇小说。

㉙ 参见：Ternikar，2014：第一章 .

㉚ 食物的形状，以及包括摆盘在内的呈现形式一直是重要的。比如面包，既可以看成食物，也可以看作是一种文化的产物，一种艺术品。

正如不同的陶土混合不同的掺和料就可以制造出不同的陶器一样，不同的面粉混合不同的配料，也可以做出不同种类、不同形状的面包。在公元79年维苏威火山爆发淹没的庞贝古城的废墟中，考古学家们发现了一些保存最完好的面包……外表呈圆形，可以用刀分成4块，有时也可分成8块。这种设计便于人们在一起进餐的时候，将面包切开共食。它代表了一个"团体"，象征着一起分享食物的群体和这个群体中的每个人。

参见：[英]马丁·琼斯，2009：274.（译自：Jones, Martin. 2007. *Feast : why humans share food*. Oxford；New York : Oxford University Press., 又译作"饭局的起源"）

❸❶ "少女的酥胸"这一比喻最初由台湾美食作家谢忠道在《性感小圆饼》一文中使用，后在华人地区广为传颂。马卡龙的短历史可参见：卢怡安 等，2015：21.

❸❷ 在一个类似的观察中，张静红在研究普洱茶时发现，云南的易武也在试图复制法国红酒的"本真性"。而复制的一个方式是对自然压制、自然发酵的制茶工艺的强调。但邻近的勐海还是更倾向于使用机器化大工业来生产人为快速发酵的熟茶。然而并不能从工艺本身区分两者孰优孰劣，结果在很多情况下还是要依赖体感和气感等不可言传的地方文化。参见：Zhang, 2014.

❸❸ 作者指出，实际上茶工们更倾向于穿着男性衬衫去干活，更不会戴头巾。若是谁戴了，才会被笑话是老妇人、搬运

Time fo
An adve
for the s
of food

工或是"落后"的尼泊尔农民。参见：[美]萨拉·贝斯基，2019：第三章.

❸❹ 同 ❷❻。

第
四
章

puffer:

gy

第五章

❶ 参见：钱霖亮，2017.

❷ 参见：刘保富，1989：171—172.

❸ 参见：[美] 华琛，2015：58—59，97.（译自：Watson, James L. *Golden Arches East : McDonald's in East Asia.* 2nd ed. Stanford, Calif. : Stanford University Press, 2006.）偏爱稻米的日本人最初同样不把麦当劳作为正餐，参见该书第五章。

❹ 这种现代性的吸引力和冲击力无疑是巨大的。《金拱向东》这本书中在一开头就援引了人类学名著《当世界终结的时候》(*Where the World Ended : Re-Unification and Identity in the German Borderland*) 来描画这种力量：

> 1989 年，当柏林墙倒塌时，两个东德的年轻人越过边界，来到了一家麦当劳。后来，其中一位在给自己表兄的信里描述了这一经历："凯蒂迅速冲了进去，而我则站在外面，把双眼睁得尽可能大。我被这一切震撼了：如此现代！由玻璃构成的白色建筑，窗户无比漂亮，屋顶的样式只在西德的报纸里见过。看着这一切，我觉得我就像一个刚从 25 年的牢狱生涯中被释放出来的犯人。凯蒂将我推进去，我俩用她带的钱买了一个巨无霸汉堡。我相信从我们的举止，谁都能看出我们来自东德。尤其是因为震惊，我从头到尾都像个跌跌撞撞的乡巴佬。"

Time fo
An adve
for the s
of food

同上，9.

❺ 在中国，常见的"美国加州牛肉面"大王有两家，并不能简单判定谁更正宗。一家是由美国鸿利国际公司授权的"吴京红美国加州牛肉面大王"，另一家是北京李先生加州牛肉面大王有限公司（北京718厂与美籍华人李北淇先生合资，李的确有在加州开牛肉面馆的经验）的"李先生美国加州牛肉面大王"，这两家公司成立于二十世纪，在全国范围内也模仿者众多。所有的这些店门牌、店名及产品十分相似，食客很难分辨。2008年左右，"李先生美国加州牛肉面大王"在全国的所有门店相继更名为"李先生"。参见：仿冒者多："李先生美国加州牛肉面大王"更名. 北京青年报，2008—07—08.

❻ 电视连续剧《北京人在纽约》于1994年元旦首播，讲述了二十世纪九十年代的"出国潮"中的个人命运，也因此风靡大江南北。其开场白"如果你爱他，就把他送到纽约去，因为那里是天堂；如果你恨他，就把他送到纽约去，因为那里是地狱"，更是耳熟能详。需要指出的是，电视其实是第三世界国家通往全球化的主要入口。正如科塔克在一个巴西社区中的观察，通过电视大家认出照片中的迈克尔·杰克逊比认出巴西总统主要候选人的照片还要容易：

> 对大多数巴西人而言，电视是了解地方、国内、国际信息的主要渠道（很多时候甚至是唯一渠道）……电视带来的直接结果便是，阿伦贝皮人有了更开阔的世界

眼光。

参见：[美]康拉德·科塔克，2012：200，198.（译自：Kottak, Conrad Phillip. 2006 [1983]. *Assault on Paradise : social change in a Brazilian village.* New York : McGraw-Hill.）

❼ 同 ❸：第一章。

❽ 阎云翔也发现，"很多人到麦当劳是为了获得被平等对待的体验"。同 ❸：57.

❾ 同 ❸：189—190. 在以饮食文化闻名的法国，也没有抵挡住麦当劳餐厅进军的狂潮。事实上早在麦当劳正式进入法国之前，本地已经开始有餐厅模仿麦当劳的菜单开始制作汉堡等流水线时尚（assembly-line）的美国食物，而且一定要把它们陈列和定位为美国商品——就连设计和室内装潢都是美国式的。参见：Fantasia, 1995.

❿ 德克士炸鸡 1994 年建立于中国成都，最初名为德客士。1996 年，顶新集团将其收购并更名，使其成为顶新集团继"康师傅"之后的兄弟品牌。最初，德克士在上海、广州、武汉等大型城市连遭败绩。后来调整策略，以中小型城市为重点，力推其"重复加盟"模式，即鼓励加盟者继续投资加盟德克士开辟新的分店从而成为加盟商。到 2014 年底，其门店数量在中国就已经超过了 2000 家。相比之下，肯德基、麦当劳则首先从大型城市，特别是北京这个政治中心着手。

⓫ 参见：https : //wenku.baidu.com/view/a072fc4733687e21af45a938.html.

Time fo
An adver
for the sc
of food

❷ 1999 年科索沃战争期间，当地时间 5 月 7 日夜间，北京时间 5 月 8 日，北约的美国 B－2 轰炸机发射 5 枚精确制导炸弹或联合直接攻击弹药击中了中华人民共和国驻南斯拉夫联盟大使馆，当场炸死 3 名中国记者，炸伤数十名其他人。6 月 17 日，美国时任常务副国务卿托马斯·皮克林就该事件对中华人民共和国政府口头说明，表示道歉并承诺赔偿。

❸ 这个说法来自《纽约时报》的专栏作家弗里德曼。其著作《世界是平的》于 2006 年被译介给中国读者。弗里德曼认为，平坦的世界的精神内涵是每一个劳动者将逐渐对自己的饭碗、风险和经济安全负责，而政府和企业只是帮助人们形成这种能力。书中的一个说法更是在中国广泛流传：

> 小时候我常听爸妈说："儿子啊，乖乖把饭吃完，因为中国跟印度的小孩没饭吃。"现在我则说："女儿啊，乖乖把书念完，因为中国跟印度的小孩正等着抢你的饭碗。"

参见：[美] 托马斯·弗里德曼，2006.（译自：Friedman, Thomas L. 2005. *The world is flat : a brief history of the twenty-first century*. New York : Farrar, Straus and Giroux.）

❹ 比如 2006 年，江苏省无锡市开始实施吸引海外留学人才创新创业计划 "530" 计划，力争在 "5 年内引进不少于 30 名领军型海外留学人才来无锡创业"。对此计划一个相对中

第五章

肯的评价参见：Heilmann, Shih, and Hofem, 2013.

❶⑤ 参见：邓天颖，王玲玲 . 2010.

❶⑥ 从 2001 年 12 月至 2002 年 11 月，我国国有企业再就业服务中心的下岗职工大约 405 万人，其余社会上的下岗职工大约 200 万人。参见：国家发展和改革委员会宏观经济研究院课题组，2003.

❶⑦ 该品种需要的人工并不多，通常播完种外出打工经商，就等着秋天好收成了。因此很多农民也养成了游手好闲的习惯，比如整天的打牌、打麻将。

❶⑧ 套包就是将其他厂家的种子放在自己的包装里贩卖的做法。按照《种子法》的规定，套包种子内的种子标签上所标注的种子生产许可证号码一定是不一致的，因此可以被判定为假种子。但由于那几年先玉 335 在吉林市场上特别火热，以至于正版的种子加上几倍的价格都未必能买到，这就留给"套包"种子相当大的生存空间。除了通过内部渠道获得种子，套包厂商还直接到育种地联系和先玉 335 签订育种协议的农户，从其手中购得种子——这种情况在业内被称为"掘地沟"。当然既然是套包，挂羊头卖狗肉的情况也并不少见。

❶⑨ 更耸人听闻的版本是：母猪产子少了，不育、假育、流产的情况比较多。参见：金微，于胜楠 . 老鼠不见了——山西、吉林动物异常现象调查 . 2010. 国际先驱导报，第 557 期，2010—09—16. https：//news.qq.com/a/20100921/001664.htm.

❷⓪ 技术所带来的社会变革显然并不总是"好"的，特别是

Time fo
An adver
for the s
of food

对那些利益因此受损的人而言。在这方面，王笛就成都的茶馆用水曾有一个深刻的观察：

当西式自来水装置出现在成都时，许多挑水夫失去了他们的工作。尽管居民们对这些挑水夫深表同情，但他们没有理由拒绝使用如此方便的自来水。

参见：王笛，2006：181.（译自：Wang, Di. 2003. *Street culture in Chengdu : public space, urban commoners, and local politics, 1870—1930.* Stanford, Calif. : Stanford University Press.）

❷❶ 李若建曾分析过二十世纪中国最大的谣言之一"毛人水怪"。他发现，谣言的爆发并非凭空产生，当社会发生巨大的变革时，或者社会中蕴含着强大的不安定因素时，民间聚集的骚动能量没有得到疏通，就可能引发各种恐慌，从而产生谣言。而谣言在本质上可以被看作是一种提醒，提醒社会其运行机制存在一些问题。比如当年江苏省大丰县的两次"毛人水怪"的谣言爆发，一次是由于一名国民党员借此破坏农民支援前线的工作，一次则是因为一名富农在土地改革中被分了六亩田而怀恨在心。参见：李若建，2011：14—5.

❷❷ 参见：［美］葛凯，2007：211—2.（译自：Gerth, Karl. 2003. *China made : consumer culture and the creation of the nation.* Cambridge : Harvard University Asia Center : Distributed by Harvard University Press.）

❷❸ 同 ❸：77—78.

第五章

189

❷❹ 阎云翔说，二十世纪九十年代初，北京一度盛行对食品的恐慌。谣传有很多人因吃了外地人办的路边摊或无照餐厅的食物中毒而亡。其中一个故事，是卖油饼的小贩把洗衣粉当作发酵剂，毒死了不少人。同 ❸：83。现在的情况虽按理说有大幅的改观，但让游客担心的始终是一些所谓地方小吃就是旨在一次性地"赚外地人的钱"，从而根本没有东西保证食物的安全，更不要说好吃。罗立波也提到肯德基实际上代表着中国食品安全危机中大家共同认同的可靠食品。据作者说：

> 一位美国经济学家就曾回忆到，无论何时他访问北京，中国社会科学院招待他的宴会中一定至少有一次是肯德基食品。

参见：罗立波（Eriberto P. Lozada，Jr.），2016.

❷❺ 同 ❸：32.

❷❻ 参见：[美] 葛凯，2011：108.（译自：Gerth, Karl. 2010. *As China goes, so goes the world : how Chinese consumers are transforming everything.* New York : Hill and Wang.）

❷❼ 指隶属于某一行政区管辖但不与本区毗连的土地。

❷❽ 肯德基在美国的分店数量并没有麦当劳多，在中国的情况相反却是一个例外。

❷❾ Popeyes 成立于 1972 年路易斯安那州的新奥尔良，在加拿大成功地实现了商业扩张。在 1999 年，首登北京王府井，

Time for
An adven
for the so
of food

中文名为："派派思"，但在 2003 年就迅速闭店。2019 年，在世界上已经超过 2000 家分店的 Popeyes 计划重返中国，在 10 年内开 1500 家分店。

❸⓿ 所有提供炸物的快餐店工作环境都是十分危险的，根据美国职业安全与健康委员会（National Council for Occupational Safety and Health）所提供的数据，79% 的快餐店员都有过被烫伤的经历。费城的一位麦当劳员工曾发表声明说快餐店经理经常让他们在没有防护装备的情况下去倾倒除油器。一次同事被烫伤，经理也只是说"涂点蛋黄酱就好了"。参见：https://www.latimes.com/business/la-fi-mcdonalds-osha-burn-complaints-20150316-story.html.

❸❶ 同 ❸：199，196.

❸❷ 同 ❸：204.

❸❸ 中国网友常用两句话来调侃这种公司和雇员之间的"魅惑"关系。公司领导经常挂在嘴边的话是"公司是我家，发展靠大家"，但员工一旦过于放肆又马上会说"你以为公司是你家啊"。

e puffer:

ogy

第六章

❶ ［日］原田信男，2011：127.

❷ 安政六年（1859年）开港的横滨，设立了外国人居留区域，并兴建宾馆设施，开始向在日本的外国人提供西餐。不过在横滨外国人居留地内有大量中国人居住，其中很多中国人在外国人手下做厨师工作，因此，日本最初的西餐，多与中国菜的味道相近。明治时代后，中国人大量涌入了以横滨为代表的港口城市，中华街和中国餐馆也随之出现。同上：98，105，125.

❸ 参见：王笛，2006：51.

❹ 卡座规定两位一起来的客人只准并排一边坐，以便留下对面的座位给别人。不但完全没有隐私空间，如果对面搭台的客人吸烟、喧嚣、剔牙，也只好忍受。参见：吴燕和，2001.

❺ 同上。

❻ 参见：陈玉箴，2013.

❼ 盐商的二公子小罗曾给身为作者的"番鬼"（即老外）带来一封非常有趣的信（时间约为十九世纪三十年代），是小罗的朋友写给在北京的一个亲戚的，谈及了"番鬼"的饮宴：

> 他们坐在餐桌旁，吞食着一种流质，按他们的番话叫做苏披。接着大嚼鱼肉，这些鱼肉是生吃的，生得几乎跟活鱼一样。然后，桌子的各个角都放着一盘盘烧得半生不熟的肉；这些肉都泡在浓汁里，要用一把剑一样

形状的用具把肉一片片切下来，放在客人面前……然后是一种绿白色的物质，有一股浓烈的气味。他们告诉我，这是一种酸水牛奶的混合物，放在阳光下曝晒，直到长满了虫子；颜色越绿则滋味越浓，吃起来也更滋补……

参见：[英] 亨特，1992：40.

❽ 所谓"大菜"就是西餐。也许是对洋人动辄吃下一磅的T骨牛排而感到惊诧，或许只是一种精神胜利法——西餐进入中国伊始，价格非常昂贵，反倒是被称作"小菜"的中餐便宜方便且种类繁多。参见：徐珂，1928：7. 原文为：

博物家言我国各事与欧美各国及日本相较，无突过之者。有之，其肴馔乎？见于食单者八百余种。合欧美各国计之，仅三百余，日本较多，亦仅五百有奇。

❾ 参见：梁实秋，2017：227. 需要指出的是，中国人对于菜品气味的感情是复杂的。比如徐珂就认为：

我国食品宜于口，以有味可辨也。（同上：8）

不过作者还说，"欧洲食品宜于鼻，以烹饪时有香可闻也"。而且按照道家的传统，"食气者神明而寿"（见《大戴礼记·易本命》）。气味甚至还可以成为与超自然联系和对话的中介——正如《诗·大雅·生民》"履帝武敏歆"，唐孔颖达疏云："鬼神食气谓之歆。"参见：[美] 柏桦，2019：101.

❿ 一品香番菜馆始建于十九世纪八十年代，最初在四马路22号（今福州路山东中路拐角）开张。1918年迁到西藏路270号（今来福士广场原址），改名一品香大旅社，兼营西餐。1920年10月，英国哲学家伯特兰·罗素访问上海，下榻的就是这里。

⓫ 荷兰水就是汽水。

⓬ 关于一品香的相关史料转引自：陈尹嬿，2011.

⓭ 同转引自12：174.

⓮ 参见：[美]玛乔丽·谢弗，2019：36.第二章.（译自：Shaffer, Marjorie. 2013. *Pepper : a history of the world's most influential spice.* New York：Thomas Dunne Books, St. Martin's Press.）据称，彼时造访中国的马可·波罗甚至引述了海关官员的话："市内每日胡椒用量多达43车，每车重223磅。"在亚洲的欧洲人深知中国人爱吃胡椒，而且知道"把香料卖到中国跟卖到葡萄牙一样赚钱"。

⓯ 参见：王书吟，2011.文中还提到，《礼记》中所记载的"酪"和"酥"就是乳制品的泛称。后来随着佛教文明的传入，乳、酪、生酥、熟酥、醍醐的相关知识在东汉时期也随之被传入中国。经过南北朝时期民族的大融合，作为胡食之一种的牛乳在隋唐时期得到了更多的认可，其地位和数量都达到了历史新高。各种乳制品流行坊间，或融入点心中，或制成消暑饮品供人食用。

⓰ 阎云翔曾描写过一对年过七旬的夫妇1993年国庆来麦当劳"吃房子"时的情景：

Time for
An adven
for the so
of food

对老夫妻来说，在一家外国餐厅吃饭有着不一般的意义，所以，他们特地在金色拱门前摄影留念，将它和另一张照片——他们于 1949 年 10 月 1 日在天安门前的合影——一起寄给家乡的报纸。此后，当地报纸刊登了这一故事，并附有两张照片作为比较——在 1949 年的照片中，两个瘦小的年轻人分开站立，他们穿着同样的白衬衫，瘦削的脸上写满了艰苦时代的营养不良；而在 1993 年的照片上，两人容光焕发，衣着入时，发福的老妇人骄傲地挽着丈夫的左臂……

参见：[美] 华琛，2015：52—53.

❼ 美国人最开始吃不惯中餐的一个鲜活例子是：

来到酒店时我已经饿得全身发软了，但当发现所有菜肴的风味几乎都一模一样时，顷刻间我食欲全无……正襟危坐地挨到第二轮宴席，好在这时候"天使的化身"到来了。一位彬彬有礼的警长走上前来，拍拍我的肩膀，说道："门口有位先生想见您……"走出去一看，才发现原来是晚宴时坐在我对面的一位有名的银行家朋友……热情地对我说道："鲍，我知道这对你来说是一种折磨，你也饿坏了吧，我们去吃点好吃的怎么样！"说着，我们便飞快地来到了一家美式餐馆……我们就着一瓶香槟，吃着羊排、乳鸽和油炸土豆，很快就恢复了力气。我的这位朋友坚持认为，第二轮宴席只不过是第一轮的重复。

参见：[美]安德鲁·科伊，2016：116—117.（译自：Coe, Andrew. 2009. *Chop suey : a cultural history of Chinese food in the United States*. Oxford ; New York : Oxford University Press.）

⓲ 同上：144—115.

⓳ 参见：周敏，1995：112.（译自：Zhou, Min. 1992. *Chinatown : the socioeconomic potential of an urban enclave*. Philadelphia : Temple University Press.）

⓴ 同上：113—114.

㉑ 同 **⓱**：173.

㉒ 参见：Liu and Lin, 2009. 文章指出，炒杂碎可以灵活搭配任何配料，使用任何有味道和便利的酱料。但最简单常见的做法就是用他们自创的调料爆炒出一大盘家禽肉丝和配菜的混合物——这些食材显然都是美国人容易接受的。

㉓ 同 **⓱**：176. 需要指出的是，1882 至 1902 年通过的《排华法案》禁止中国人移民到美国，而且还禁止已经来到美国的中国人成为合法公民。结果导致大量已经来到这片土地上的中国人都流向了两个不对白人男性的就业造成影响的地方：餐馆和洗衣房。

㉔ 1896 年清朝重臣李中堂大人访问美国，美国媒体甚至开始用一种类似于放大镜似的角度炒作中国高官的"东方"式的生活习惯。说李鸿章吃不惯美国人的盛宴款待，反倒要跑去唐人街吃炒杂碎。但实际上，李鸿章从未在唐人街就过

Time fo
An adve
for the s
of food

餐，甚至有些回避美国的唐人街。据考证，李鸿章吃过的炒杂碎其实应该就是白切鸡配米饭。参见：[美]詹妮弗·李，2013：76（译自：Lee, Jennifer. 2008. *The fortune cookie chronicles：adventures in the world of Chinese food.* New York, NY：Twelve.）

㉕ 参见：Dunlop, 2007.

㉖ 二战期间，中美两国因为有着共同的敌人而导致中餐在美国的繁荣，但很快由于朝鲜战争和"两个中国"的立场问题，中餐开始日渐衰退。又一轮中餐高潮的兴起的确是缘于美国人通过电视机了解到，他们的总统在人民大会堂吃到的国宴，从而对中国和中国菜产生了浓厚的兴趣。结果，毛主席家乡的湖南菜开始在美国大行其道，以至于很多中餐馆为了满足顾客的需求，果断地转向了湖南菜。参见：[英]罗伯茨，2008：127.（译自：Roberts, J. A. G. 2002. *China to Chinatown：Chinese food in the West.* London：Reaktion.）

㉗ 参见：朱振藩，2009. 另一种说法是：

> 在 1955 年台湾海峡危机期间，彭长贵在参谋长联席会议主席、海军上将亚瑟·W·雷德福（Arthur W. Radford）为期四天的访问中发明了这道菜。受时局启发，他给这道菜用湖南将领左宗棠的名字起名，左宗棠曾参与过十九世纪的一系列平乱活动。

参见：Grimes, 2016.

㉘ 同 ㉒.

㉙ 同 ㉗.

㉚ 同 ㉔：99—102. 按照李转述美国 ABC 电视台的说法："那味道甜美得就像一首小夜曲。她就是那样的美味佳肴。它能让你一见钟情。"不过根据李对彭长贵的访谈，最初的左宗棠鸡"不可能是甜的"，因为"这不是湖南菜该有的味道"。而且左宗棠鸡的花椰菜配菜也不对，而且正宗的左宗棠鸡应该用黑椒而不是红辣椒。更不要说为了迎合美国人的口味，某些左宗棠鸡里还放了玉米笋和胡萝卜了。彭长贵表示，"这一切简直莫名其妙"。

㉛ 参见：Xiao, Derek G. and Yang, Sharon. "Yenching Shutters Doors After 40 Years". *The Harvard Crimson*, December 1, 2015. https：//www.thecrimson.com/article/2015/12/1/yenching-closes/.

㉜ 可以被认为是左宗棠鸡的改良版，区别在于橙味鸡用鲜橙而不是用醋来调出用以解甜腻的酸味，据称是连锁中餐"熊猫快餐"的发明。参见：https：//www.npr.org/sections/thesalt/2017/10/30/560822270/orange-chicken-panda-express-gift-to-american-chinese-food-turns—30.

㉝ 同 ㉚.

㉞ 同 ㉖：20.

㉟ 同 ㉖：139.

㊱ 阎云翔发现，在麦当劳里女性可以自选食物，并且由于禁绝烟酒，男性的话语权也被削弱。相反，当一位女性选择

独自在一家很有名的、成功的生意人经常光顾的中式饭店吃午饭时，她竟然被人怀疑是妓女或至少是个不守妇道的女人。参见：阎云翔，2009。（译自：Davis, Deborah. 2000. *The consumer revolution in urban China. Berkeley. University of California Press.*）

㊲ Kalčik，1984.

㊳ 这种刻板印象其实非常常见。美国人对我们的另外一个刻板印象是他们觉得大部分中国人（如果不是全部）都会功夫，以至于表演"一个大西瓜，一刀劈两半，你一半，他一半"一类的简易太极拳成为很多聚会中国人的"保留节目"。

㊴ 参见：St. John de Crèvecoeur, 1908 [1904].

㊵ 参见：van Den Berghe，1984.

㊶ 参见：[英] 特纳，2006：95。（译自：Turner, Victor W. 1969. *The ritual process : structure and anti-structure. Chicago : Aldine Pub. Co.*）

㊷ [法] 列维—斯特劳斯指出：

> 英国的烹饪使用本地原料制成寡淡无味的主要菜肴，佐以一些本属外来的、其全部区别性价值均带有强烈标记的佐餐食品（茶、水果糕点、橘子酱、波尔图葡萄酒）。

参见：[法] 克洛德·列维—斯特劳斯，2006：92。（译自：Lévi-Strauss, Claude. 1963. *Structural Anthropology. New York, NY : Basic Books.*）

❹❸ Douglas，1972.

❹❹ 潘光哲指出，在美国人的文化传统里，也有他们自己的"华盛顿神话"。当华盛顿以美国"国父"的身份为中国人众晓共知的时候，冠诸孙中山之身，就可以获得一种天经地义的合法性。这本质上属于国民党党国"意识形态的再生产"。参见：潘光哲，2006.

❹❺ 参见：孙文，1927：二至三．原文为：

> 我中国近代文明进化，事事皆落人之后，惟饮食一道之进步，至今尚为文明各国所不及。中国所发明之食物，固大盛于欧美；而中国烹调法之精良，又非欧美所可并驾……中西未通市以前，西人只知烹调之一道，法国为世界之冠。及一尝中国之味，莫不以中国为冠矣。

❹❻ 这种对于外来人口的污名化现象是非常常见的。比如根据张鹂的观察，当年北京的浙江村被拆除也是因为其长期存在的"混乱"和"犯罪行为"。而清除这些"腐朽的""被污染的"区域是为了"保护居民的利益与安全"。参见：[美]张鹂，2014：169.（译自：Zhang，Li. 2001. *Strangers in the city：reconfigurations of space，power，and social networks within China's floating population*. Stanford，Calif.：Stanford University Press.）

Time fo
An adver
for the s
of food

第七章

❶ 参见：老舍，2012：23.

❷ 对此，冯珠娣有一个有趣的观察：

> 这种内衣非常适合用来对付寒冷的夜晚，它同时可以当成睡衣来穿……在商品经济不太发达的时代，每到秋天，年长的女性会花时间为家人编制厚重的毛裤……到了商品经济发达的现在，北京依然有秋衣出售。

参见：［美］冯珠娣，张其成．2019：88.（译自：Farquhar, Judith, and Qicheng Zhang. 2012. *Ten thousand things : nurturing life in contemporary Beijing*. New York, N.Y.: Zone Books.）

❸ 按照《清稗类钞》的说法，冻豆腐就是要用鸡汤来煨。参见：徐珂，1918 b：327. 不过猪肉汤、牛肉汤等白汤都可以，也可以配榨菜。参见：《大众菜谱》编写组，1966：326—327. 日本也有冻豆腐，据传江户时期就有了，被称作"冻み豆腐"或高野豆腐（因高野山得名）。不过高野豆腐和中式冻豆腐的差别在于：高野豆腐是脱水后再经过干燥处理的豆腐，被放在超市的干货架上，而不是生鲜食品区；高野豆腐的质地非常密、孔洞很小，即使泡发过后弹性还是很好，炖煮时不太容易碎掉。

❹ 中国人的养生观念其实是非常复杂的。对此，冯珠娣曾经有一个观察。2005 年，她在公交车上曾遇到一位老太太。

老人突然和她说起了英语。冯珠娣索性问她学英语算不算养生,这位妇人果断地给出了肯定的回答。原因在于:首先,学英语可以让大脑灵活,这对健康非常重要;其次,学英语让她快乐,还让她认识了很多朋友,而且可以省钱。同

❷ : 230.

❺ 参见 :〔美〕尤金·N·安德森,2003 : 183.

❻ 中国的传统哲学认为,气是可以超越生命体的一种存在,在灵魂、草木、石头中都会包含一定数量的气。相比之下,西方的活力论则认为生物体与非生物体的区别就在于生物体内有一种特殊的生命"活力",它控制和规定着生物的全部生命活动和特性,而不受自然规律的支配。这种学说随着德国化学家维勒(Friedrich Wöhler)1828 年人工合成有机物——尿素的成功而宣告失败。

❼ 参见 :〔美〕费侠莉,2006 : 19.(译自 :Furth, Charlotte. 1999. *A Flourishing Yin : Gender in China's Medical History : 960—1665.* Berkeley : University of California Press.)

❽ 参见 :林淑蓉,2008.

❾ 参见 :《中华传统食品大全》编辑委员会贵州分编委会,1988 : 244—245.

❿ 出自 :〔宋〕苏轼 :《猪肉颂》:

> 净洗铛,少着水,柴头罨烟焰不起。
> 待他自熟莫催他,火候足时他自美。
> 黄州好猪肉,价贱如泥土。

Time fo
An adver
for the s
of food

202

贵者不肯吃，贫者不解煮，早晨起来打两碗，饱得自家君莫管。

⓫ 参见：广东省中医院，梁剑辉，1981：19.

⓬ 上汤的熬制也有了一些改进，原先以武火熬制，再以鸡鸭血吸其浑浊油腻，难免带有血腥味；后改用慢火熬煮，则汤水清澈，最后再撇去油花即可。除了羹和炖菜之外，一些高级菜馆的粤厨无论脍、炒、焖、泡都喜欢加上汤提味。参见：姚丽梅，2019.

⓭ 同上。

⓮ 二十世纪七十年代后期，在全国人民还普遍以"绿军装""工作服"和"中山装"为美时。广东地区受到港澳影响，已经开始盛行"猎装"和喇叭裤。甚至有少数女性开始穿裙子，比如"柔姿装"和"太空装"（楼）。八十年代以来，"西装热"也是最先在广州兴起，随后全国流行。参见：孙沛东，2013：90.

⓯ 同 **⓭**.

⓰ 参见：张静红，2016.

⓱ 根据冯珠娣的观察，为平和的城市生活贡献自己的绵薄之力的确是一代人养生观念的重要内核。而把养生同社会贡献联系到一起，不可避免地受到了二十世纪五六十年代集体主义思潮的影响，是对当下疲累的消费主义式算计的无声反抗。同 **❷**。

⓲ 参见：李珍，赵宇．2016.

⓳ 即青年教师。

⓴ 参见：〔汉〕刘向：《说苑·杂言》载孔子语。不过抵抗

自身的欲望的确是困难的，比如鲁迅在给致山本初枝中的信中就多次提到了糖，而且颇有索要的意味，如：

> 馋鬼收到的水果糖，早已吃光，盒子装进别的食品，也吃光了，如此已四五次。（1932 年 11 月 7 日）

> 因为忙而懒，有平糖都吃完了，却连一句感谢的话都没说过，实在要请原谅。（1935 年 4 月 9 日）

> 你送给孩子的有平糖今日已经收到，甚感。（1935 年 12 月 3 日）

㉑ 参见：This, 2006：5, 24—25. 以及：Sand, 2003：Chap 2.

㉒ 参见：杨明哲, 2009.

㉓ 参见：张仲民, 2014. 不过当时上海西药企业家黄楚九的药房，卖得最好的产品还是艾罗补脑汁，张宁认为这里反映出近代中国的一个身体观上的变化：原先在中国身体观中无足轻重的"脑"，逐步被提到"一身之主"的地位。参见：张宁, 2011.

㉔ 典型的此类作品参见：[日]安部司, 2007. 等。

㉕ 国家有关现行标准是 GB 2760—2007，食品安全国家标准，食品添加剂使用标准。

㉖ 参见：[美]欧文·戈夫曼, 1989：68.（译自：Goffman, Erving. 1959. *The presentation of self in everyday life.*

Time for
An adven
for the so
of food

Anchor books ed. ed. Garden City, N.Y. : Doubleday.）

❷❼ 通常的方法是找出每种食材的蛋白细胞受热爆破温度范围，从而计算出爆破温度以内，用多长的时间把食物煮熟最好。参见：余松筠，2016.

❷❽ 用传统方法烹饪的食物会减少 15%—20% 的重量，其中大部分是食物中的水分，食物会变"老"。同上。

❷❾ 参见：董寅初，1997. 不过作者还特别建议：

> 在中国肉类原料及其在加工中的卫生状态目前还不尽如人意，因而建议加热温度可提高到 80℃较为适宜。

❸⓪ 自然哲学家就是我们今天意义上的科学家。参见：Shapin, 1998.

❸❶ 参见：[美] 夏平, [美] 谢弗, 2008：58.

❸❷ 参见：[英] 麦克尔·莫斯利, [英] 咪咪·史宾赛, 2019.（译自：Michael, Mosley, and Spencer Mimi. 2013. *The Fast Diet : The secret of intermittent fasting – lose weight, stay healthy, live longer.* London : Short Books.）不过的确有随机控制实验表明轻断食在减轻体重，以及减少某些疾病，如冠状动脉疾病以及糖尿病等方面有一定的作用。参见：Horne, Muhlestein and Anderson, 2015. 但也有研究认为，轻断食在减重方面和传统持续限制卡路里的减重计划并没有本质性的区别，相反会对人的各项生命指标产生复杂的影响。参见：Patterson and Sears, 2017.

第七章

205

❸❸ 同上：第二章。

❸❹ 哈佛大学人类学系教授 Susan Greenhalgh 用 "fat-talk nation" 来形容这种想象。虽然她的观察来自美国，但这种将维持正常体重看作是公民责任的一部分的意识形态同样适用于中国。参见：Greenhalgh, 2015. 在另外的研究中，她还进一步指出，中国 BMI（身体质量指数）之所以比西方世界还要严格，背后其实是政府有关部门和跨国公司一起，建构出的 "新自由主义科学"。有趣的是可口可乐公司异常积极地投身中国肥胖标准的相关制订工作当中，是因为在政策建议的部分他们希望中国的消费者更关注健康锻炼而非减少甜食的摄入。参见：Greenhalgh, 2016. 以及：Greenhalgh, 2019.

❸❺ 参见：[美] 康儒博, 2019：76—80.（译自：Campany, Robert Ford. 2009. *Making transcendents: ascetics and social memory in early medieval China.* Honolulu: University of Hawai'i Press.）

❸❻ 参见：《大戴礼记·易本命》。可以理解为：食肉的（虎豹鹰雕）生性凶猛且残忍，食五谷的拥有智慧而聪明灵巧，食气的神清目明且长寿，什么都不吃的才可以长生而成为神仙。

❸❼ 同 ❸❺：87.

❸❽ 参见：[美] 詹姆斯·C. 斯科特, 2016：20.（译自：Scott, James C. 2009. *The Art of Not Being Governed: An Anarchist History of Upland Southeast Asia.* Yale University Press.）

Time for
An adven
for the so
of food

206

❸❾ 同上：220，242.

❹⓪ 同上：28.

❹❶ 同上：12.

❹❷ 参见：张之琪.【专访】冯珠娣：投身养生是民间对医疗危机的反应. 界面新闻，2016/10/28，https : //www. jiemian.com/article/920594.html.

❹❸ 同❷：13.

❹❹ 同❸❺：153.

e puffer:
e
ogy

第八章

❶ 清代掌故轶闻的汇编《清稗类钞》中倒是的确写着"京西香山产松菇。轮菌如伞。洁白肥脆。味鲜美"。参见：徐珂，1918 a : 16.

❷ 1916、1917 年，河北省五大河泛滥成灾，难民遍野，饿死、溺死、妻离子散、流离失所。民国政府成立慈幼局，效果甚微。熊希龄于 1920 年创办香山慈幼园，最初旨在收留水灾后无人认领的儿童。后"凡年龄满四周岁至十二岁孤苦无依之儿童，无论何人，均可代为介绍，请求收录"。而且为使穷苦的儿童能够学得糊口之技，香山慈幼园对除教保园和幼稚园以外的其他"四校"都采取半工半读的措施。从小学开始，儿童是上午读书，下午在各种手工艺作坊或农场做工。慈幼园在城里有慈型铁工厂、慈华织染工厂、慈平制革工厂、慈成印刷工厂、慈云地毯工厂等五所工厂和一个高级土木工程科。尽管为贫苦儿童谋了出路，但不能否认这种半工半读的做法实际上为一些私营企业的资本家们供给了廉价的劳动力。参见：周秋光，1996 : 242—286. 自 2010 年开始，香港理工大学应用社会科学系的潘毅教授，就组织起学生、同事，对富士康用工中存在的种种不公进行深入考察。他们发现，富士康以实习为名招募了大量的学生工进行长时间的一线生产工作。对此，输出学生工的各职业技术学院也难辞其咎。参见：Chan, Pun and Selden, 2015.

❸ 参见：北京市地方志编纂委员会，1999 : 31.

❹ 参见：大盛，迟红蕾 . 2015 : 49.

❺ 参见：张润三，2014：423.

❻ 参见：张宝昌，2011.

❼ 参见：北京市香山农场果树队，1959.

❽ 同❻。土洋结合其实是当时中国以"科学种田"为代表的绿色革命的一个典型的特征。这里的科学，按照舒喜乐（Sigrid Schmalzer）的说法，就是因地制宜，从生产生活实践的需要出发，将历史传承下来的，将人民群众在劳动与生活中积累的经验、地方性知识和其他非正式的知识纳入"科学"的范畴。参见：Schmalzer，2016.

❾ 参见：梁荐，1994.

❿ 参见：王梦悦，2011.

⓫ 对此，《前线》还曾发表文章专门论述为什么要取消对领导同志少量食品的"特供"：

> 我们的领导平部和广大人民群众同甘苦，共命运。平均主义不应该有，领导同群众心连心这一条也不能丢……中央带头取消"特供"，推动了并继续推动着地方各级领导干部严格要求自己，自觉反对特权化，树立一个好的作风。

参见："为什么要取消对领导同志少量食品的'特供'？" 1989. 前线（9）：33. 当然，也有人认为正是特供制让苏联共产党从亚健康走向了解散。参见：易重华，王伟 2017.

⓬ 参见：《市场监管总局关于印发餐饮服务明厨亮灶工作指导意见的通知》（国市监食监二〔2018〕32 号）相关条款。

❸ 参见：[美]史蒂文·夏平，西蒙·谢弗，2008：55.

❹ 为响应1990年关于促进、保护和支持母乳喂养的《伊诺森蒂宣言》，世界卫生组织（世卫组织）和联合国儿童基金会（儿童基金会）于1991年启动了爱婴医院倡议，目的是向卫生机构提供框架以处理不利于母乳喂养的做法。参见：高素姗，2017.

❺ 参见：[德]乌尔里希·贝克，2004：106—107.

❻ 参见：[德]乌尔里希·贝克，伊丽莎白·贝克—格恩斯海姆. 2011：29.（译自：Beck, Ulrich, and Elisabeth Beck-Gernsheim. 2002. *Individualization ; institutionalized individualism and its social and political consequences*. London ; Thousand Oaks, Calif. : SAGE.）

❼ 参见：Yan, 2012.

❽ 参见：Beck, 2006.

❾ 此类本土化改进在日本非常常见，比如在日本运营青岛啤酒厂时期（1916—1945），就在传统的德国配方中加入了稻米的部分，一来用以缓解大麦的原材料不足，二来则使啤酒口味更清淡以至于适合东方人的口味。参见：侯深，2018.

❿ 当然，婴儿食品本身也是被社会建构的产物。如二十世纪初期，工业化的成熟、罐装食品的大规模生产、在水果和蔬菜中发现了维生素，都为婴儿食品的诞生创造了条件。广告商、儿科医生和营养学家的共同推手，终于让婴儿食品在三十年代全面起飞。但客观来讲，婴儿食品的便携性和灵活性（比如当下非常流行的"自立吸嘴袋"装食物），的确在

Time for
An adver
for the s
of food

很大程度上起到了将妇女从繁重的厨房工作中解放出来的作用。具体可参见：Bentley, 2014.

❷❶ 参见：［美］大贯惠美子，2015：33.

❷❷ 相传在清康熙年间，康熙皇帝东巡，将南崴子（现公主岭市）定为狩猎和休息的驿站。地方官员为讨得康熙皇帝的欢心和封赏，用钱买通御膳房管事，将江南贡米换成当地盛产的大米供康熙皇帝食用。康熙皇帝食用后感觉食味极佳，随即传御膳房管事问其究竟，得知是当地所产的稻米后，龙颜大悦。随口说道：只知其地寒，未识其米香，今日偶一得，伴君年年粮。从此南崴子（公主岭）大米就成了康熙皇帝钦点的宫廷御米，只贡皇家享用。参见：http://www.cgi.gov.cn/Products/Detail/400/（中国地理标志网，隶属于国家知识产权局）.

❷❸ 参见：叶志如，1990. 以及：蒋竹山，2015：第七章.

❷❹ 有机农法（organic farming）一词是由英国农业学者诺斯伯纳勋爵（Lord Northbourne）在其1940年所出版 Look to the Land 一书首先被使用。诺斯伯纳勋爵认为，有机农法和化学农法（chemical farming）最大的不同在于有机农法视耕地为一有机体，有如一个完整的生物体，具有生命的本质，可透过特定的内在机制，使耕地中的土壤、微生物及植物彼此间的交互作用达到一个平衡和谐的状态，就如同一个生物体的运作一般。参见：Paull, 2006.

❷❺ 两个部门独立发展中国有机农业标识的历史可参见：Sanders, 2006.

❷❻ 参见：杨嫒，王习孟. 2017.

㉗ 参见：司振中，代宁，齐丹舒. 2018.

㉘ 参见：罗攀，2018.

㉙ 参见：Brenton，2017.

㉚ 参见：[美] 亨德森 等，2012：162.（译自：Henderson, Elizabeth, Robyn Van En, and Joan Dye Gussow. 2007. *Sharing the harvest：a citizen's guide to Community Supported Agriculture.* White River Junction [Vermont]: Chelsea Green.）

㉛ 在西方世界甚至北京、上海等中国的大都市，"新鲜"这个词更多对应的是"工业化新鲜"（industrial freshness）的概念。即通过一系列社会技术创新，如大规模生产、冷链运输等，所创造出来的人工自然的结果。参见：Freidberg，2010：2.

㉜ 参见：[美]弗朗西斯·福山，2001：336.（译自：Fukuyama, Francis. 1995. *Trust：the social virtues and the creation of prosperity, Social virtues and the creation of prosperity.* New York：Free Press.）

㉝ 参见：Bestor，2008.

㉞ 参见：Kondoh，2015.

Time fo
An adve
for the s
of food

第九章

❶ 参见：《毛泽东选集》，1991：17.

❷ 请客吃饭是人情文化的主要体现方式之一，普遍存在于政府组织和商业机构中。参见：［美］杨美惠，2009.

❸ 执意、坚决。

❹ 楚怀王熊心曾与诸将约定"先入定关中者王之"，刘邦因率先进入关中灭秦，欲以秦王子婴为丞相，在关中称王，引发实力强大的项羽的不满。项羽遂在位于故秦都城咸阳郊外的新丰鸿门设宴，原本只想诛杀刘邦，后将其放走。鸿门宴为项刘两方换来了几个月的和平，不久便爆发了长达四年之久的战争（史称楚汉战争），最后项羽败北，在乌江伏剑而死，刘邦建立汉朝，是为汉高祖。"鸿门宴"因此被后世被用作比喻"不怀好意的筵席"。

❺ 吃饭打包的传统始见于唐宣宗，曰："今后大宴，文武官给食两分，一与父母，别给果子与男女，所食余者听以帕子怀归。"参见：李登年，2016：69.

❻ 在英美等典型的西方世界里，中国意义上的五花肉和排骨其实并不是什么昂贵的食材。五花肉一般就是超市里分割肉的边角料，而排骨完全可以用国外的猪颈肉（前排）代替。

❼ 参见：［法］莫斯，2002：138.

❽ 参见：Schivelbusch，1993.

❾ 如果一个人从关系网中收到了预期的邀请参加宴席，那么就被认为"有面子"。因为这表明被邀请者得到了社会的承认，拥有动员关系资源的能力。另一方面，如果预期的邀

请未到，这个人就会被视为"丢面子"。Bian, 2001.

❿ 在"人情与面子"的理论模式中，黄光国将中国社会的人际关系区分为"情感性关系""混合性关系"和"工具性关系"三种。参见：黄光国等，2004.

⓫ 朝鲜人自古有吃狗肉的习惯。但与中国人认为狗肉温补不同，朝鲜人相信食狗肉可消暑解毒。1970 年 4 月周恩来访问朝鲜，金日成设"全狗午宴"款待，菜式包括狗血肠、红烧狗肉、清炖狗肉和狗肉汤。朝鲜前领袖金日成于 1980 年代开始称狗肉为 dangogi，也就是"甜肉"的意思，狗肉汤则称为 dangogi—jang，此叫法于朝鲜人之间流传。参见：Yoo Gwan Hee. The Best Dish in North Korea, "Sweet Meat Soup". 2009.07.23, https：//www.dailynk.com/english/the-best-dish-in-north-korea-sweet/.

⓬《礼记·曲礼》有云：

> 侍饮于长者，酒进则起。拜受于尊所，长者辞，少者反席而饮。长者举未釂，少者不敢饮。长者赐，少者贱者不敢辞。

⓭ 同 ❿：114.

⓮《礼记·乡饮酒义》有云：

> 四面之坐，象四时也。天地严凝之气，始于西南而盛于西北，此天地之尊严气也，此天地之义气也。天地温厚之气，始于东北而盛于东南，此天地之盛德气也，

Time fo
An adver
for the s
of food

此天地之仁气也。主人者尊宾，故坐宾于西北，而坐介于西南以辅宾。宾者，接人以义者也，故坐于西北。主人者，接人以仁，以德厚者也，故坐于东南，而坐僕于东北以辅主人也。

酒局上的座位以"崇东尊左"为基本原则（比如鸿门宴中项羽、项伯就朝东而坐，亚父范增坐在项羽的左手边，坐北朝南），但各地略有不同。一定要恪守当地的礼仪，否则，会被人讥笑为"不懂规矩"。而且一般被让到主座，也要用"我哪能坐那里"之类的推托词客套一下。然后听人说"您不坐谁（敢）坐"等之类的话就不能再客气了。在不太正式的酒局里，除上位之外，其他位置之间的等级差别则不太明显，不一定非要按严格的位次等级来坐。但年纪和官阶最末的人一定要坐在最不好的位置，即上菜口。

⓯ 强舸指出，"上了酒桌，只有兄弟，没有官大官小"是中国典型的一种酒文化，一些"上级"官员也经常通过"出些洋相"的方式安抚"下级"官员。比如某区区委书记自述道：

> 农村冬季防火、夏秋禁烧，一干就是大半个月，乡镇所有人都得撒到山上去。不是大热天，就是大冷天。以前管得松，一天还能发一两百块钱补贴。但大过年的谁愿意为这点钱在山上冻个半死？都是被逼去的，肚子里总有点气。所以，事搞完了，乡镇会把人聚起来喝顿大酒。这种场合，书记、镇长总得多喝点，出些洋相，让大伙乐乐。我也会参加一些乡镇场子，跟他们喝大酒。

我酒量一般，经常就喝趴下了。大家一看，书记能喝半斤喝八两，最后给抬出去了，哈哈一笑，气也就消了大半。

参见：强舸，2019.

❶❻ 关于村宴一个非常好的观察是王铭铭的硕士生翟淑平所撰写的学位论文。参见：翟淑平，2012.

❶❼ 阎云翔说，土地改革的另一重大后果是，财富不再是权力与威望的基础。相反，贫穷成了在新社会里的政治资本。参见：阎云翔，2009：27. 这个观察在我们家最直接的体现是由于父亲阶级成分好，直接通过了高考的政治审查。

❶❽ 参见：[美] 詹姆斯·C.斯科特，2013：44.（译自：Scott, James C. 1976. *The moral economy of the peasant: rebellion and subsistence in Southeast Asia*. New Haven：Yale University Press.）

❶❾ 费孝通曾经分享过自己的一个参与调停的经历，写在他的著作《乡土中国》里：

> 我曾在乡下参加过这类调解的集会。我之被邀，在乡民看来是极自然的，因为我是在学校里教书的，读书知礼，是权威。其他负有调解责任的是一乡的长老。最有意思的是保长从不发言，因为他在乡里并没有社会地位，他只是个干事。调解是个新名词，旧名词是评理。差不多每次都由一位很会说话的乡绅开口。他的公式总是把那被调解的双方都骂一顿："这简直是丢我们村子

Time fo
An adve
for the s
of food

里脸的事！你们还不认了错，回家去。"接着教训了一番。有时竟拍起桌子来发一阵脾气。他依着他认为"应当"的告诉他们。这一阵却极有效，双方时常就"和解"了，有时还得罚他们请一次客。

参见：费孝通，2005：80.

❷⓪ "提气"即扬眉吐气。在这一点上，有点类似于狭义的夸富宴（potlatch）。不过按照莫斯的理解，夸富宴的本质就是宴庆：出生贺礼、婚礼、成人礼、葬礼、建房乃至文身、造墓等场合都会发生的聚会宴庆。考虑到习惯上的因素，同时也考虑到夸耀、展示和竞比财富的活动的确是"potlatch"的重要内容，所以他在《礼物》中才沿用了夸富宴的说法。

参见：[法]莫斯，2002：14.

❷① 屌丝逆袭实际上是中国当代的一个所谓的"力比多寓言"，即用一种性的话语来调侃自己阶层被固化的事实，当然也同时表达了对向上流动的一种预期。这实际上是一种底层政治（infrapolitics）。参见：Yang, Tang, and Wang, 2015.

❷② 参见：阎云翔，2000：50.（译自：Yan, Yunxiang. 1996. *The flow of gifts：reciprocity and social networks in a Chinese village*. Stanford, Calif.：Stanford University Press.）

❷③ 按照泰勒的理解，想象是人们社会存在的一种方式，"人们如何待人接物，人们通常能满足的期望，以及支撑着这些期望的更深层的规范观念和形象"，都是依靠想象得来的。而社会想象则是指使人们的实践和广泛认同的合法性

成为可能的一种共识。参见：[加拿大] 查尔斯·泰勒，2014：18.（译自：Taylor, Charles. 2004. *Modern social imaginaries*. Durham：Duke University Press.）

❷❹ 参见：[法] 米歇尔·福柯，2001.

❷❺ 参见：北京饭店，1979：364—365.

❷❻ 同上，32—33. 不过用鸡肉的腩汤方法叫白腩，高级厨师现在一般先用牛肉红腩，再用鸡肉白腩，以追求汤清澈的极致。

❷❼ 在《厨房里的人类学家》中曾描述过法式清汤的做法：

> 首先剔出一整只鸭的骨头，把鸭骨和小牛骨敲碎，加入洋葱、胡萝卜、芹菜一起烤到金黄，然后加水与大把新鲜香草，以小火炖个半天，中间不断撇除浮沫，直到骨酥肉烂、鲜味浓。过滤后整锅放进冰箱，第二天取出时，汤水已结成果冻状，这表示骨头里的胶质已完全释出。这时再把上面一层凝固的浮油撇得干干净净……（然后）绞碎半磅的牛肉与西红柿，加上四个蛋白和碎蛋壳，调成一大碗令人作呕的黏稠肉糊……把肉糊倒入微温的高汤里开始缓慢加热。

参见：庄祖宜，2018：54—57.

❷❽ 同❺，273—275. 当时的菜单是：

> 冷盘 7 道：黄瓜拌西红柿、盐封鸡、素火腿、酥鲫鱼、菠萝鸭片、广东三腊（腊肉、腊鸭、腊肠）、三色蛋（松

花蛋）。

　　热菜 6 道：芙蓉竹荪汤、三丝鱼翅、两吃大虾、草菇盖菜、椰子蒸鸡、杏仁酪。

　　点心 7 道：豌豆黄、炸春卷、梅花饺、炸年糕、面包、黄油、什锦炒饭。

　　水果 2 道：哈密瓜、橘子。

　　酒水 8 种：茅台酒、红葡萄酒、青岛啤酒、橘子水、矿泉水、冰块、苏打水、凉开水。

❷❾ 参见：[加拿大] 麦克米兰, 2017：112—115.（译自：MacMillan, Margaret. 2006. *Seize the hour : when Nixon met Mao*. London : John Murray.）书中还提到："返回白宫后，尼克松也……把茅台酒倒在碗里点火，结果还差点儿把白宫烧掉。"

❸❿ 按照布尔迪约的理解，文化资本是指"不同的家庭教育行动传递的文化财产，作为文化资本，它们的价值随着教育行动强加的文化专断和不同集团或阶级中家庭教育行动灌输的文化专断之间的距离大小而变化"。参见：[法] 布尔迪约，[法] 帕斯隆, 2002：40.

❸❶ 满汉全席又称满汉大席，其实这种说法无据可考。最接近的是《扬州画舫录》所描述的满汉筵，该筵菜品共有一百三十四道，系"上买卖街前后寺观"的"大厨房"所制，专备"六司百官"食用。同 ❺，121—128. 不过据说这也是当初乾隆下江南时，当地厨子为取悦皇上，特地学了一些山东菜加宫廷菜，使接待宴形成了一种融合的新形势。后来在

清末民初，大型庄馆以满汉全席作为大型传统宴会的一种商业称谓。参见：胡元骏 . 2013—07—02.

❸❷ 这个要求自然有章可循。袁枚在《随园食单》中说：

> 凡人请客，相约于三日之前，自有工夫平章百味。若斗然客至，急需便餐；作客在外，行船落店，此何能取东海之水，救南池之焚乎？

袁枚还说能在短时间备好上桌，又能令客人拍案称赞的菜式，厨师们不可不掌握一二。这后半句，一般我也不告诉他们。参见：〔清〕袁枚，1984：11.

❸❸ 参见：〔英〕王斯福，2008：88—89.（译自：Feuchtwang, Stephan. 2001. *The imperial metaphor : popular religion in China*. London ; New York : Routledge.）

Time fo
An adver
for the s
of food

第十章

❶ 按照中国普遍的道德准则，一个人即便可以与不同的人交往"玩玩"（并不一定指发生性关系），但是在决定最终与何人结婚时肯定会遵循一套相对清晰的标准。参见：［挪威］贺美德，庞翠明，2011：50.（译自：Hansen, Mette Halskov, Rune Svarverud, and Studies Nordic Institute of Asian. 2010. *iChina : the rise of the individual in modern Chinese society.* Copenhagen : NIAS Press.）

❷ 参见：［美］特克尔，2014：2.（译自：Turkle, Sherry. 2011. *Alone together : why we expect more from technology and less from each other.* New York : Basic Books.）

❸ 我（包括很多其他人）的经历显然和阎云翔所描述的状况不同。阎云翔指出：

> 虽然个体已经获得了可以离开家庭的流动机会，但与此同时，家庭仍然是个体自我身份认同的基础。因此，中国的个体化似乎不太可能导致个体的孤独。

参见：阎云翔，2012：344.

❹ 参见：［美］马文·哈里斯，2001：18.

❺ 华琛指出，广东、香港地区传统的家族共餐和年夜饭都要吃盆菜，以庆祝团圆。参见：Watson, 1987.

❻ 参见：［英］拉德克利夫—布朗，2005：202，206，208.（译自：Radcliffe-Brown, A. R. 1922. *The Andaman islanders : a study in social anthropology (Anthony Wilkin studentship research, 1906. Cambridge : The University press.)*

❼ 参见 :［奥地利］弗洛伊德，2005 : 146.

❽ 参见 :［法］爱弥尔·涂尔干，1999 : 443.

❾ 此前在网络上流行一个段子，说某餐厅的公告是"本店不提供 wifi，请您放下手机和亲友多聊天！"事实上这种店可能在当下的中国一天都开不下去。对此，社会心理学家特克尔（Sherry Turkle）甚至严正指出 :我们对科技的期待越来越多，对彼此的期待却越来越少……我们生活在繁荣的社交媒介文化里……尽管彼此连接，我们却依旧孤独。同❷。

❿ 参见 :阎云翔，2011 : 19.

⓫ 若是多人就餐，中间的隔板也可以打开。

⓬ 不知怎的，看到这场景我总会想到燕太子丹请荆轲吃饭（参见 :《燕丹子》卷下）：

> 酒中，太子出美人能琴者。轲曰 :"好手琴者！"太子即进之。轲曰 :"但爱其手耳。"太子即断其手，盛以玉盘奉之。

⓭ 参见 :［美］彼得·L 伯格，［美］托马斯·卢克曼，2019 : 102.（译自 : Berger, Peter L, and Thomas Luckmann. 1966. *The social construction of reality : a treatise in the sociology of knowledge.* Garden City, N.Y. : Doubleday.）

⓮ 参见 : Parsons, 1951 : 455.

Time fo
An adver
for the sc
of food

⑮ 同上，456.

⑯ 按照帕森斯的说法，医学职业的"意识形态"强调以"病人的福利"为医生的第一义务，这种情况应该是非常常见的。同上，457.

⑰ 对此，摩尔曾给出一个类似的例子，并称之为修补（tinkering）工作。所谓修补工作是承认脆弱性是人生一部分的情况下，关心如何以切实的行动修补身体内部的均衡，以及脆弱的身体与复杂环境之间的流动：

> Dirk Gevaert 是一位 32 岁的小企业老板。由于他经常自己开车去见客户，所以在上路前往往需要吃好一点并少打一点胰岛素。将血糖保持在一个相对高的水平能避免驾驶过程中由于低血糖所产生的交通事故，能让他的公司良好运转从而带来一定的收入，但这必然以长期损害他的健康（比如同样会导致无法驾驶、无法运营公司的眼底病变）为代价。

参见：Mol，2008：50—51.

⑱ 医学人类学者普遍认为，作为一种慢性病的肿瘤会成为一个破坏性事件，造成的人生进程的中断（biographical disruption），从而让自己进入既非正常亦非不正常的阈限状态。参见：Little, et.al., 1998.

⑲ 转引自：苏志铭，2012.

⑳ 相应地，每当自然灾害或是谷价波动造成饥荒发生时，国家政权与地方善心人士就常会以"施粥"的方式来赈济灾

民。陈元朋，2016：91. 当然除了官方，民间也会施粥。比如新凤霞提到：

> 胡同有几家"八大祥"的有钱善人……每年腊月初八搭起大席棚，大柴锅煮粥，施舍腊八粥……在腊月初八前准备好了搭大棚亮场，一口袋一口袋的各种米和青丝玫瑰、腊八豆，都摆得整整齐齐；人们随便来参观，负责人介绍施舍善人的名字，宣传这粥是真正好料绝不掺假。来看的大都是这一带的穷苦人，准备腊月初八一早来领粥……"开门了，粥厂门开了……"有人叫喊着。一个粥棚有四个大灶，灶上有大铁筒。掌灶师傅头戴皮帽子，手戴着大棉布手套，一手拿着大铁舀，另一只手扶着锅沿，大声吆喝："来呀！别挤，人人有份！吃不完喝不尽啊！"

参见：新凤霞，2005：143.

❹ 参见：梁实秋，2017：142—144. 不过也有人特别喜欢在生病的时候喝粥，比如同为文学家的王蒙：

> 粥喝得多，喝得久了，自然也就有了感情。粥好消化，一有病就想喝粥，特别是大米粥。新鲜的大米的香味似乎意味着一种疗养，一种悠闲，一种软弱中的平静，一种心平气和的对于恢复健康的期待和信心。

参见：王蒙，2005：169.

❷❷ 参见:〔清〕曹雪芹,〔清〕无名氏,2008:272—273.(第二十回《王熙凤正言弹妒意,林黛玉俏语谑娇音》)

❷❸《礼记·月令》有云,仲秋之月,"养衰老,授几杖,行糜粥饮食",意思是按照古代敬老的仪礼,要在秋月送手杖和粥食。

❷❹ 参见:袁了凡(袁黄):《摄生三要》之"聚精"。转引自:李登年,2016:223.

❷❺ 同 ❷❶:153—154.宋代的林洪在自己的《山家清供》甚至还提供了一种"梅花粥"的做法,以彰"清味"之极:"扫落梅英,拣净洗之,用雪水同上白米煮粥,候熟入英同煮。"陈元朋在另一篇文章中指出,林洪言之再三的"饮食之清",至少还是具备了突出知识阶级内部高低等差的意义。参见:陈元朋,2008.

❷❻ 按照袁枚的说法,八宝粥并不算是粥中佳品。原文为:

为八宝粥者,入以果品,俱失粥之正味。

参见:〔清〕袁枚,1984:142.

❷❼ 东亚很多国家,比如菲律宾人也有一家人在一起吃粥的传统:

Rose 有六个兄弟姐妹,每天总是由父亲做菜,母亲烧饭。雨季的时候,全家人便在一起煨粥。不管再怎么严酷的天气,大家此起彼落啜着粥汤的声音总能让她暖和起来。

参见：社团法人"中华民国"南洋台湾姊妹会，2017：69.

❷⃝ 参见：[法]米歇尔·德·塞托，2015：39.

❷⃝ 参见：[美]傅高义，2012：412.（译自：Vogel, Ezra F. 2011. *Deng Xiaoping and the Transformation of China.* Cambridge：Harvard University Press.）

傅高义指出：

> 国务院在 1981 年 7 月颁布了指导个体经营发展的管理条例……1982 年，由于发现有些个体户雇工超过八人，立刻引起了争论。但邓小平说，怕什么呢，难道这会危害到社会主义？他用了一个朴素的例子来说明自己的态度：如果农民养三只鸭子没有问题，那他又多养了一只鸭子就变成资本家了？给私营业主能雇多少人划出一条界线在当时仍是一个相当敏感的问题，需要由邓小平和陈云这样的人亲自拍板。邓小平对陈云说，如果公开讨论这个问题，会让人担心允许私营企业的政策有变。因此他建议"雇工问题，放两年再说"。一些企业害怕树大招风，但也有一些企业在继续发展壮大。这段时间邓小平继续避免公开表态，他的策略是允许私营企业发展，但不使其引起保守派的警觉。在 1987 年的中共十三大上，中共干部正式同意了个体户可以雇用七名以上的员工。邓小平用他的改革方式又一次赢得了胜利：不争论，先尝试，见效之后再推广。

㉚ 参见：李向春，1981：39.

㉛ 参见：余舜德，1999.

㉜ 参见：Fox，1997.

㉝ 王小波说：

> 我已经四十岁了，除了这只猪，还没见过谁敢于如此无视对生活的设置。相反，我倒见过很多想要设置别人生活的人，还有对被设置的生活安之若素的人。因为这个缘故，我一直怀念这只特立独行的猪。

参见：王小波，2012：4（原载 1996 年第 11 期《三联生活周刊》）

puffer:

ogy

参考文献

Adams, Tony E., Stacy Linn Holman Jones, and Carolyn Ellis. 2014.*Autoethnography* : Oxford University Press.

Andreas, Joel. 2009.*Rise of the Red Engineers : The Cultural Revolution and the Origins of China's New Class.* Stanford, California Stanford University Press.

Beck, Ulrich. 2006.*The cosmopolitan vision.* Cambridge, UK ; Malden, MA : Polity Press.

Bentley, Amy. 2014.*Inventing Baby Food – Taste, Health, and the Industrialization of the American Diet.* Oakland, California : University of California Press.

Bestor, Theodore C. 2008. *Tsukiji : the fish market at the center of the world.* Berkeley : Univ. of California Press.

Bian, Yanjie Bian. 2001. "Guanxi Capital and Social Eating in Chinese Cities : Theoretical Models and Empirical Analyses" In *Social capital : theory and research*, edited by Nan Lin, Karen S. Cook and Ronald S. Burt, 275—295. New York : Aldine de Gruyter.

Time fo
An adve
for the s
of food

Biehl, João Guilherme. 2007.*Will to live : AIDS therapies and the politics of survival.* Princeton, N.J. ; Woodstock : Princeton University Press.

Braudel, Fernand. 1973.*Capitalism and material life, 1400—1800.* New York : Harper and Row : 66.

Brenton, Joslyn. 2017. "The limits of intensive feeding : maternal foodwork at the intersections of race, class, and gender." *Sociology of Health & Illness* 39 (6) : 863—877.

Chan, Jenny, Ngai Pun, and Mark Selden. 2015. "Interns or workers？ China' s student labor regime." *Asia-Pacific journal : Japan focus* 13 (36) : Number 1.

Claude Lévi-Strauss, 1966. "The Culinary Triangle." *Partisan Review,* 33 (4) : 586—595.

Douglas, Mary. 1972. "Deciphering a Meal."*Daedalus* 101 (1) : 61—81.

Dunlop, Fuchsia. 2007.*Revolutionary Chinese cookbook : recipes from Hunan Province.* New York : W.W. Norton.

Fan, Ka Wai. 2004. "Jiao Qi Disease in Medieval China." *The American Journal of Chinese Medicine* 32 (06) : 999—1011.

Fantasia, Rick. 1995. "Fast food in France." *Theory and Society* 24 (2) : 201—243.

Fox, Adam. 1997. "RUMOUR, NEWS AND POPULAR

puffer:

ogy

POLITICAL OPINION IN ELIZABETHAN AND EARLY STUART ENGLAND." *The Historical Journal* 40 (3): 597—620.

Freidberg, Susanne. 2010. *Fresh : A Perishable History*. Cambridge, Mass : Belknap Press of Harvard University Press.

Greenhalgh, Susan. 2015.*Fat-talk nation : the human costs of America's war on fat*. Ithaca, New York : Cornell University Press.

Greenhalgh, Susan. 2016. "Neoliberal science, Chinese style : Making and managing the 'obesity epidemic' ." *Social Studies of Science* 46 (4): 485—510.

Greenhalgh, Susan. 2019. "Soda industry influence on obesity science and policy in China." *Journal of Public Health Policy*. https : //doi.org/10.1057/s41271—018—00158—x.

Greenhalgh, Susan. 2016. "Neoliberal science, Chinese style : Making and managing the 'obesity epidemic' ." *Social Studies of Science* 46 (4): 485—510.

Grimes, William, Peng Chang-kuei, Chef Who Created General Tso' s Chicken, Is Dead at 98. *The New York Times*, Dec. 3, 2016, Section B, Page 8.

Gvion, Liora, and Naomi Trostler. 2008. "From

Time fo
An adver
for the sc
of food

Spaghetti and Meatballs through Hawaiian Pizza to Sushi : The Changing Nature of Ethnicity in American Restaurants." *The Journal of Popular Culture* 41 (6) : 950—974.

Hanley, Susan B. 1997. *Everyday things in premodern Japan : the hidden legacy of material culture.* Berkeley, Calif. : University of California Press.

Heilmann, Sebastian, Lea Shih, and Andreas Hofem. 2013. "National Planning and Local Technology Zones : Experimental Governance in China's Torch Program." *The China Quarterly* 216 : 896—919.

Horne, Benjamin D, Joseph B Muhlestein, and Jeffrey L Anderson. 2015. "Health e ffects of intermittent fasting : hormesis or harm? A systematic review." *The American Journal of Clinical Nutrition* 102 (2) : 464—470.

Jason Horowitz. "It' s Official : Naples Pizza Is One of Civilization' s Glories." *The New York Times,* *Dec.* 13, 2017. https : //www.nytimes.com/2017/12/13/ world/europe/naples-pizza-unesco.html.

Kalčik, Susan. 1984. "Ethnic foodways in America : symbol and the performance of identity." *In Ethnic and regional foodways in the United States : the performance of group identity,* edited by Linda Keller

Brown and Kay Mussell, 37—65. Knoxville : University of Tennessee Press.

Kant, Immanuel. 2005. "Objective and subjective senses : The sense of taste." In *The Taste Cultural Reader : Experiencing Food and Drink,* edited by Carolyn Korsmeyer, 209—214. Oxford ; New York : Berg.

Kipnis, Andrew. 2006. "*Suzhi* : A Keyword Approach." *The China Quarterly* (186) : 295—313. Kipnis, Andrew. 2007. "Neoliberalism reified : *suzhi* discourse and tropes of neoliberalism in the People's Republic of China." *Journal of the Royal Anthropological Institute* 13 (2) : 383—400.

Kondoh, Kazumi. 2015. "The alternative food movement in Japan : Challenges, limits, and resilience of the teikei system." *Agriculture and Human Values* 32 (1) : 143—153.

Kottak, Conrad P. 2011.*Anthropology : Appreciating Human Diversity* (Fourteenth ed.) . NY : McGraw-Hill Higher Education.

Latour, Bruno. 1999. *Pandora's Hope : Essays on the Reality of Science Studies.* Cambridge, Mass. : Harvard University Press.

Latour, Bruno. 2005. *Reassembling the social : an introduction to actor-network-theory, Clarendon*

Time fo
An adver
for the sc
of food

lectures in management studies. Oxford ; New York : Oxford University Press.

Law, John. 1998. "After ANT : Complexity, Naming and Topology."*The Sociological Review* 46 (S): 1—14.

Little, Miles, Christopher F. C.Jordens, Kim Paul, Kathleen Montgomery, and Bertil Philipson. 1998. "Liminality : a major category of the experience of cancer illness." *Social Science & Medicine* 47 (10): 1485—1494.

Liu, Haiming, and Lianlian Lin. 2009. "FOOD, CULINARY IDENTITY, AND TRANSNATIONAL CULTURE : Chinese Restaurant Business in Southern California." *Journal of Asian American Studies* 12 (2): 135—162, 238.

Lowenthal, David. 1985.*The past is a foreign country.* Cambridge [England] ; New York : Cambridge University Press.

Matejowsky, Ty. 2007. "SPAM and Fast-food 'Glocalization' in the Philippines." *Food, Culture & Society* 10 (1): 23—41.

Mead, Margaret. 1943. "The Factor of Food Habits." The Annals of the American *Academy of Political and Social Science* 225 : 136—141.

Mol, Annemarie. 2008.*The logic of care : health*

and the problem of patient choice. London ; New York : Routledge.

Parsons, Talcott. 1951. "ILLNESS AND THE ROLE OF THE PHYSICIAN : A SOCIOLOGICAL PERSPECTIVE." *American Journal of Orthopsychiatry* 21 (3) : 455.

Patterson, Ruth E, and Dorothy D. Sears. 2017. "Metabolic Effects of Intermittent Fasting." *Annual Review of Nutrition* 37 (1) : 371—393.

Paull, John. 2006. "The Farm as Organism : The Foundational Ideal of Organic Agriculture." *Journal of Bio-Dynamic Tasmania* (83) : 14—18.

Paxson, Heather. 2012. The life of cheese : crafting food and value in America. Berkeley ; Los Angeles ; London : University of California Press.

Pratt, Jeff. "Food Values : The Local and the Authentic." *Critique of Anthropology* 27, no. 3 (2007/09/01 2007) : 285—300.

Rabinow, Paul. 1992. "Artificiality and Enlightenment : From Sociobiology to Biosociality." In *Zone 6 : Incorporations,* edited by Jonathan Crary and Sanford Kwinter, 234—252. New York : Bradbury Tamblyn and Boorne Ltd.

Sand, Jordan. 2003. *House and home in modern Japan : architecture, domestic space, and bourgeois culture, 1880—1930.* Cambridge, Mass. : Harvard

Time fo
An adve
for the s
of food

University Press.

Sanders, Richard. 2006. "A Market Road to Sustainable Agriculture? Ecological Agriculture, Green Food and Organic Agriculture in China." *Development and Change* 37 (1) : 201—226.

Schivelbusch, Wolfgang. 1993. *Tastes of paradise : a social history of spices, stimulants, and intoxicants.* New York : Vintage Books.

Schmalzer, Sigrid. 2016. *Red revolution, green revolution : scientific farming in socialist China.* *Chicago ;* London : University of Chicago Press.

Shapin, Steven. 1998. "The philosopher and the chicken : on the dietetics of disembodied knowledge " In *Science incarnate : historical embodiments of natural knowledge,* edited by Christopher Lawrence and Steven Shapin, 21—50. Chicago, Ill. : The University of Chicago Press.

Shen, Yuanyuan. 2012. "The Development of and Challenges Facing Food Safety Law in the People's Republic of China." In *Improving Import Food Safety*, edited by Wayne Ellefson, Lorna Zach and Darryl Sullivan, 151—194. Hoboken, NJ, USA : John Wiley & Sons, Inc.

Smith, Hilary A. 2017.*Forgotten disease : illnesses transformed in Chinese medicine.* Stanford, California :

Stanford University Press.

St. John de Crèvecoeur, J. Hector. 1908 [1904]. *Letters from an American farmer.* London, New York : Chatto & Windus ; Duffield.

Sun, Wanning. 2014. "'Northern Girls' : Cultural Politics of Agency and South China's Migrant Literature." *Asian Studies Review* 38 (2) : 168—185.

Ternikar, Farha. 2014. *Brunch : a history.* Lanham, Maryland : Rowman & Littlefield.

This, Hervé. 2006. *Molecular gastronomy : exploring the science of flavor.* New York : Columbia University Press.

van Den Berghe, Pierre L. 1984. "Ethnic cuisine : Culture in nature." *Ethnic and Racial Studies* 7 (3) : 387—397.

Watson, James. 1987. "From the Common Pot : Feasting with Equals in Chinese Society." *Anthropos* 82 (4) : 389—401.

Yan, Yunxiang. 2012. "Food Safety and Social Risk in Contemporary China." The *Journal of Asian Studies* 71 (03) : 705—729.

Yang, Peidong, Lijun Tang, and Xuan Wang. 2015. "*Diaosi* as infrapolitics : scatological tropes, identity-making and cultural intimacy on China's Internet." *Media, Culture & Society* 37 (2) : 197—214.

Time fo
An adver
for the s
of food

Zhang, Jinghong. 2014. *Puer tea : ancient caravans and urban chic.* Seattle : University of Washington Press.

[奥地利]弗洛伊德.图腾与禁忌.北京：中央编译出版社，2005.

[德]艾约博.以竹为生：一个四川手工造纸村的二十世纪社会史.南京：江苏人民出版社，2016.

[德]海德格尔.存在与时间.北京：生活·读书·新知三联书店，1999.

[德]乌尔里希·贝克，伊丽莎白·贝克—格恩斯海姆.个体化.北京：北京大学出版社，2011.

[德]乌尔里希·贝克.风险社会.南京：译林出版社，2004.

[法]爱弥尔·涂尔干.宗教生活的基本形式.上海：上海人民出版社，1999.

[法]布鲁诺·拉图尔.我们从未现代过：对称性人类学论集.苏州：苏州大学出版社，2010.

[法]克洛德·列维—斯特劳斯.结构人类学.北京：中国人民大学出版社，2006.

[法]克洛德·列维—斯特劳斯.神话学：餐桌礼仪的起源.北京：中国人民大学出版社，2007：484.

[法]米歇尔·德·塞托.日常生活实践:1.实践的艺术.南京：南京大学出版社，2015.

[法]米歇尔·德·塞托等.日常生活实践:2.居住与烹饪.南京：南京大学出版社，2014.

［法］米歇尔·福柯．"话语的秩序"．许宝强，袁伟选编．语言与翻译的政治．北京：中央编译出版社，2001：1—31．

［法］马塞尔·莫斯．礼物：古式社会中交换的形式与理由．上海：上海人民出版社，2002．

［法］皮埃尔·布尔迪厄（布尔迪约），［法］帕斯隆．再生产：一种教育系统理论的要点．北京：商务印书馆，2002．

［法］皮埃尔·布尔迪厄．区分：判断力的社会批判（上册）．北京：商务印书馆，2015．

［法］魏丕信．十八世纪中国的官僚制度与荒政．南京：江苏人民出版社，2003．

［加拿大］麦克米兰．当尼克松遇上毛泽东：改变世界的一周．天津：天津人民出版社，2017．

［加拿大］查尔斯·泰勒．自我的根源：现代认同的形成．南京：译林出版社，2012．

［加拿大］查尔斯·泰勒．现代社会想象．南京：译林出版社，2014：18．

［美］C. K. 普拉哈拉德．金字塔底层的财富：为穷人服务的创新性商业模式．北京：人民邮电出版社，2015．

［美］艾尔弗雷德·W. 克罗斯比．哥伦布大交换：1492年以后的生物影响和文化冲击．北京：中信出版社，2017．

［美］安德鲁·科伊．来份杂碎：中餐在美国的文化史．北京：北京时代华文书局，2016．

［美］柏桦．烧钱：中国人生活世界中的物质精神．南京：江苏人民出版社，2019．

Time for
An adver
for the so
of food

［美］彼得·L 伯格，［美］托马斯·卢克曼．现实的社会建构：知识社会学论纲．北京：北京大学出版社，2019．

［美］大贯惠美子．作为自我的稻米：日本人穿越时间的身份认同．杭州：浙江大学出版社，2015．

［美］费侠莉．繁盛之阴：中国医学史中的性（960—1665）．南京：江苏人民出版社，2006．

［美］冯珠娣，张其成．万物·生命：当代北京的养生．北京：生活·读书·新知三联书店，2019．

［美］弗朗西斯·福山．信任：社会美德与创造经济繁荣．海口：海南出版社，2001．

［美］傅高义．邓小平时代．香港：香港中文大学出版社，2012．

［美］葛凯．制造中国：消费文化与民族国家的创建．北京：北京大学出版社，2007．

［美］葛凯．中国消费的崛起．北京：中信出版社，2011．

［美］郭颖颐．中国现代思想中的唯科学主义（1900—1950）．南京：江苏人民出版社，1998．

［美］亨德森等．分享收获：社区支持农业指导手册（修订版）．北京：中国人民大学出版社，2012．

［美］华琛．"麦当劳在香港：消费主义、饮食变迁与儿童文化的兴起"．［美］詹姆斯·华琛主编．金拱向东：麦当劳在东亚．杭州：浙江大学出版社，2015：89—120．

［美］华尔德．共产党社会的新传统主义：中国工业中的工作环境和权力结构．香港：牛津大学出版社，1996．

［美］凯博文．苦痛和疾病的社会根源：现代中国的抑郁、神经衰弱和病痛．上海：上海三联书店，2008.

［美］凯瑟琳·安·德特威勒．跳舞骷髅：关于成长、死亡，母亲和她们的孩子的民族志．新北：左岸文化，2019.

［美］康拉德·科塔克．远逝的天堂：一个巴西小社区的全球化．北京：北京大学出版社，2012.

［美］康儒博．修仙：古代中国的修行与社会记忆．南京：江苏人民出版社，2019.

［美］罗宾·内葛．捡垃圾的人类学家：纽约清洁工纪实．上海：华东师范大学出版社，2018.

［美］马丁·威纳．英国文化与工业精神的衰落：1850—1980.北京：北京大学出版社，2013.

［美］马文·哈里斯．好吃：食物与文化之谜．济南：山东画报出版社，2001.

［美］玛乔丽·谢弗．胡椒的全球史：财富、冒险与殖民．上海：上海三联书店，2019.

［美］梅维恒，［美］郝也麟．茶的真实历史．北京：生活·读书·新知三联书店，2018.

［美］欧文·戈夫曼．日常生活中的自我呈现．杭州：浙江人民出版社，1989.

［美］乔治·H.米德．心灵、自我与社会．上海：上海译文出版社，2005.

［美］萨拉·贝斯基．大吉岭的盛名：印度公平贸易茶种植园的劳作与公正．北京：清华大学出版社，2019.

［美］萨拉·罗斯．茶叶大盗：改变世界史的中国茶．北

京：社会科学文献出版社，2015.

［美］史蒂文·夏平，［美］西蒙·谢弗．利维坦与空气泵：霍布斯、玻意耳与实验生活．上海：上海人民出版社，2008.

［美］托马斯·弗里德曼．世界是平的．长沙：湖南科学技术出版社，2006.

［美］薇薇安娜·A.泽利泽．亲密关系的购买．上海：上海人民出版社，2009.

［美］西敏司．甜与权力——糖在近代历史上的地位，北京：商务印书馆，2010.

［美］西敏司．饮食人类学：漫话餐桌上的权力和影响力．北京：电子工业出版社，2015.

［美］雪莉·特克尔．群体性孤独：为什么我们对科技期待更多，对彼此却不能更亲密？．杭州：浙江人民出版社，2014.

［美］杨美惠．礼物、关系学与国家：中国人际关系与主体性建构．南京：江苏人民出版社，2009.

［美］伊曼纽尔·沃勒斯坦．现代世界体系（第一卷）：十六世纪的资本主义农业与欧洲世界经济体的起源．北京：高等教育出版社，1998.

［美］尤金·N·安德森．中国食物．南京：江苏人民出版社，2003：199.

［美］詹姆斯·C.斯科特．农民的道义经济学：东南亚的反叛与生存．南京：译林出版社，2013.

［美］詹姆斯·C.斯科特．逃避统治的艺术：东南亚高

地的无政府主义历史．北京：生活・读书・新知三联书店，2016．

［美］詹姆斯・C.斯科特．弱者的武器：农民反抗的日常形式．南京：译林出版社，2007．

［美］詹妮弗・李．幸运签饼纪事：中餐世界历险记．北京：新星出版社，2013．

［美］张鹂．城市里的陌生人：中国流动人口的空间、权力与社会网络的重构．南京：江苏人民出版社，2014．

［挪威］埃里克森．魅力人类学：吸引公众的书写案例．武汉：华中科技大学出版社，2020．

［挪威］贺美德，庞翠明．"个人选择的理想化：中国农村青年眼中的工作、爱情和家庭"．［挪威］贺美德，［挪威］鲁纳 编．"自我"中国：现代中国社会中个体的崛起．上海：上海译文出版社，2011：50．

［日］安部司．食品真相大揭秘．天津：天津教育出版社，2007．

［日］村上龙．孤独美食家．长沙：湖南文艺出版社，2013．

［日］原田信男．日本料理的社会史：和食与日本文化论．北京：社会科学文献出版社，2011．

［日］越泽明．伪满洲国首都规划．北京：社会科学文献出版社，2011．

［英］艾瑞丝・麦克法兰，［英］艾伦・麦克法兰．绿色黄金：茶叶的故事．汕头：汕头大学出版社，2006．

［英］安东尼・吉登斯．现代性的后果．南京：译林出版

Time fo
An adve
for the s
of food

社，2000.

［英］安东尼·吉登斯．社会学（第五版）．北京：北京大学出版社，2009：5.

［英］比·威尔逊．第一口：饮食习惯的真相．北京：生活·读书·新知三联书店，2019.

［英］玛丽·道格拉斯．洁净与危险．北京：民族出版社，2008.

［英］顾若鹏．拉面的惊奇之旅．台北：允晨文化，2017.

［英］亨特．旧中国杂记．广州：广东人民出版社，1992.

［英］E.霍布斯鲍姆，［英］T.兰格．传统的发明．南京：译林出版社，2004.

［英］拉德克利夫—布朗．安达曼岛人．桂林：广西师范大学出版社，2005.

［英］莉琪·科林汉．帝国的滋味：从探索海洋到殖民扩张，英国如何以全球食物网络建构现代世界．台北：麦田出版公司，2019.

［英］J.A.G.罗伯茨．东食西渐：西方人眼中的中国饮食文化．北京：当代中国出版社，2008.

［英］罗伯特·福琼．两访中国茶乡．南京：江苏人民出版社，2016.

［英］马丁·琼斯．宴飨的故事．山东：山东人民出版社，2009.

［英］麦克尔·莫斯利，［英］咪咪·史宾赛．轻断食：

正在横扫全球的瘦身革命．上海：文汇出版社，2019．

［英］维克多·特纳．仪式过程：结构与反结构．北京：中国人民大学出版社，2006．

［英］王斯福．帝国的隐喻：中国民间宗教．南京：江苏人民出版社，2008．

高素姗（Suzanne K. Gillette）．"爱婴医院和育婴科学"．景军编．喂养中国小皇帝：食物、儿童和社会变迁．上海：华东师范大学出版社，2017：153—180．

罗立波（Eriberto P. Lozada, Jr.）．"全球化的童年？——北京的肯德基餐厅"．景军编．喂养中国小皇帝：食物儿童和社会变迁．上海：华东师范大学出版社，2016：99—124．

〔清〕曹雪芹,〔清〕无名氏．红楼梦．北京：人民文学出版社，2008．

〔清〕袁枚．随园食单．北京：中国商业出版社，1984．

《中华传统食品大全》编辑委员会贵州分编委会．贵州传统食品．北京：中国食品出版社，1988：244—245．

《最美中国》编写组编．绚丽新疆．杭州：浙江摄影出版社，2015：237．

北京饭店编．北京饭店名菜谱（上、下册）．北京：北京出版社，1979．

北京市地方志编纂委员会编．北京志·农业卷·国营农场志．北京：北京出版社，1999．

北京市香山农场果树队．"北京市香山农场厚生果园苹果丰产经验介绍"．北京市农林水利局编．1958年京郊果树

244

生产经验技术参考材料 . 北京：北京市农林水利局，1959：
5—10.

陈元朋 . 粥的历史 . 北京：商务印书馆，2016.

陈元朋 . "追求饮食之清——以《山家清供》为主体的
个案观察". 余舜德编 . 体物入微:物与身体感的研究 . 新竹：
清大出版社，2008：321—353.

陈君葆原著，谢荣滚主编，陈君葆日记（下）. 香港：
香港商务印书馆，1999.

陈尹嬿 . 2011. "西餐的传入与近代上海饮食观念的变
化 ."中国饮食文化 7（1）：143—206.

陈玉箴 . 2013. "日本化的西洋味：日治时期台湾的西
洋料理及台人的消费实践 ."台湾史研究 20（1）：79—125.

程玮 . 周末与爱丽丝聊天：芝麻开门的秘密 . 南京：江
苏少年儿童出版社，2011.

大盛，迟红蕾 . "法国医生贝熙业与他的中国病人". 冯
克力主编 . 老照片（珍藏版 22）第 99 辑 . 济南：山东画报
出版社，2015：49.

戴慧思主编 . 中国都市消费革命 . 北京：社会科学文献
出版社，2006.

邓天颖，王玲玲 . 2010. "'怨恨'与网络话语暴力的心
理机制——以汶川大地震期间的王石'捐款门'为例 ."学
海（05）：25—29.

第二商业部饮食业管理局编 . 中国名菜谱 第 11 辑 . 北
京：轻工业出版社，1965.

第二商业部饮食业管理局编 . 中国名菜谱 第 7 辑 . 北京：

轻工业出版社，1960.

董寅初．1997．"低温肉制品是我国肉制品发展的总趋势"．肉类研究（01）：3—5.

方如果．沙湾大盘鸡正传．新疆经济报，2007—09—15.

费孝通．乡土中国．北京：北京出版社，2005：32，106.

广东省中医院，梁剑辉．饮食疗法 续二．广州：广东科技出版社，1981.

国际饭店编．北京菜点选编．上海：上海科学技术出版社，1979.

国家发展和改革委员会宏观经济研究院课题组．2003."中国加入 WTO 后的就业问题"．中国人口科学（02）：5—13.

韩国 KBS《百年老店》制作组．百年老店:老店的诞生．武汉：华中科技大学出版社，2015.

侯深．2018."摩登饮品：啤酒、青岛与全球生态"．全球史评论（01）：96—116+280.

胡嘉明．延安寻真：晚期社会主义的文化政治．香港：香港中文大学出版社，2018.

胡元骏."满汉全席"的说法纯属杜撰．先驱报（新西兰）．2013—07—02，D02.

黄光国等．面子：中国人的权力游戏．北京：中国人民大学出版社，2004.

蒋逸民."自我民族志：质性研究方法的新探索"．浙江

Time fo
An adve
for the s
of food

社会科学，2011（4）：11—18.

蒋竹山.人参帝国：清代人参的生产、消费与医疗.杭州：浙江大学出版社，2015.

金培松.食品工业.南京：正中书局，1940.

老舍.想北平：老舍笔下的北京.天津：百花文艺出版社，2012.

雷祥麟.2010."《我们不曾现代过》的三个意义".科技、医疗与社会（10）：221—235.

李登年.中国宴席史略.北京：中国书籍出版社，2016.

李建民.华佗隐藏的手术：外科的中国医学史.台北：东大图书股份有限公司，2011.

李木兰."《红楼梦》中的饮食".余文章，邓小虎编.臧否饕餮：中国古代文学中的饮食书写.北京：北京大学出版社，2018：177—205.

李若建.虚实之间：二十世纪五十年代中国大陆谣言研究.北京：社会科学文献出版社，2011：14—5.

李向春."夜市漫步".西宁市教育局教研室 编.中学生作文选.西宁：青海教育出版社，1981：39.

李珍，赵宇.2016."奉粥记."中国慈善家（3）：22—25.

连玲玲.打造消费天堂：百货公司与近代上海城市文化.北京：社会科学文献出版社，2018.

梁荐.1994."鲜为人知的'132'特供烟卷制作组".农家参谋（9）：24.

梁平汉.2016."要素禀赋变化与关键性技术创新：现

代川菜味型何以形成".产业经济评论（04）：45—58.

梁实秋.雅舍谈吃.成都：四川人民出版社，2017.

廖育群.2000."关于中国古代的脚气病及其历史的研究".自然科学史研究19（3）：206—221.

林淑蓉."食物、味觉与身体感：感知中国侗人的社会世界".余舜德编，体物入微：物与身体感的研究.新竹：清大出版社.2008：275—319.

刘保富编.饮食由来趣闻趣事.哈尔滨：黑龙江科学技术出版社，1989：171—172.

刘启振，王思明.2019."西瓜引种传播及其对中国传统饮食文化的影响".中国农史38（02）：96—105+122.

刘一达.老根儿人家.北京：北京出版社，2004.

卢淑樱.母乳与牛奶：近代中国母亲角色的重塑（1895—1937）.香港：中华书局（香港）有限公司，2018.

卢怡安等.经典巴黎：100个你一定要知道的关键品味.台北：商业周刊，2015.

罗攀.2018."'有机'可乘——关于北京'有机食品'消费热潮的人类学调查".思想战线44（6）：46—54.

马丽思."西安的儿童食品和伊斯兰教饮食规范".景军编.喂养中国小皇帝：食物、儿童和社会变迁.上海：华东师范大学出版社，2017：51—78.

毛泽东.毛泽东选集 第一卷（第2版）.北京：人民出版社，1991.

名吃特产编委会编.中国名吃特产指南（汉英互译）.北京：外文出版社，2008.

Time fo
An adver
for the sc
of food

牟军．历史与文化融汇的地方味道：云南过桥米线的饮食人类学研究．北京：社会科学文献出版社，2016.

南京中医药大学编．中药大辞典（下册）第二版．上海：上海科学技术出版社，2006.

聂鑫森．溯源俗语老典故．北京：人民文学出版社，2010.

潘光哲．华盛顿在中国：制作"国父"．台北：三民书局，2006.

皮国立．虚弱史：近代华人中西医学的情欲诠释与药品文化（1912—1949）．台北：台湾商务印书馆，2019.

钱霖亮．2017."另类的'小皇帝'：福利院儿童的零食消费和抚育政治"．思想战线 43（5）：103—113.

强舸．2019."制度环境与治理需要如何塑造中国官场的酒文化——基于县域官员饮酒行为的实证研究"．社会学研究 34（04）：170—192+245—246.

社团法人"中华民国"南洋台湾姊妹会．餐桌上的家乡．台北：时报出版，2017.

司振中，代宁，齐丹舒．2018."全球替代性食物体系综述"．中国农业大学学报（社会科学版）35（04）：127—136.

苏志铭．2012."台湾"食粥"饮食文化考."古典文献与民俗艺术集刊（1）：191—212.

孙沛东．时尚与政治：广东民众日常着装时尚（1966—1976）．北京：人民出版社，2013.

孙文．建国方略．新时代教育社，1927.

王笛．街头文化：成都公共空间、下层民众与地方政治，1870—1930．北京：中国人民大学出版社，2006：181．

王蒙．"我爱喝稀粥"．杨耀文选编．五味：文化名家谈食录．北京：京华出版社，2005：169．

王梦悦．2011．"欢迎尼克松总统访华的神秘国宴"．党史纵横（01）：4—6．

王书吟．2011．"哺育中国：近代中国的牛乳消费—二十世纪二，三〇年代上海为中心的考察．"中国饮食文化7（1）：207—239．

王小波．一只特立独行的猪．北京：北京工业大学出版社，2012．

王子辉．秦馔古今谈．西安：陕西科学技术出版社，1981．

吴燕和．2001．"港式茶餐厅——从全球化的香港饮食文化谈起"．广西民族大学学报（哲学社会科学版）23（4）：24—28．

项飙．全球"猎身"：世界信息产业和印度的技术劳工．北京：北京大学出版社，2012．

肖坤冰．茶叶的流动：闽北山区的物质、空间与历史叙事（1644—1949）．北京：北京大学出版社，2013．

小彭宇．揭秘添加剂的真相．武汉：武汉大学出版社，2011．

新凤霞．"节日的吃"．杨耀文选编．五味：文化名家谈食录．北京：京华出版社，2005．

徐珂．清稗类钞．第43册．植物（上）．北京：商务印书馆，

Time fo
An adve
for the s
of food

1918 a.

徐珂.清稗类钞.第 47 册.饮食(上).北京：商务印书馆，1928.

徐珂.清稗类钞.第 48 册.饮食（下）.年表附.北京：商务印书馆，1918 b.

许烺光.驱逐捣蛋者——魔法·科学与文化.台北：南天书局，1997.

阎云翔."自相矛盾的个体形象，纷争不已的个体化进程".[挪威]贺美德，[挪威]鲁纳编."自我"中国：现代中国社会中个体的崛起.上海：上海译文出版社，2011：19.

阎云翔.礼物的流动：一个中国村庄中的互惠原则与社会网络.上海：上海人民出版社，2000.

阎云翔.私人生活的变革：一个中国村庄里的爱情、家庭与亲密关系（1949—1999）.上海：上海书店出版社，2009.

阎云翔.中国社会的个体化.上海：上海译文出版社，2012.

杨明哲.2009."李鸿章与近代西方医学在中国的传布".长庚人文社会学报 2（2）：299—340.

杨嬛，王习孟.2017."中国替代性食物体系发展与多元主体参与：一个文献综述".中国农业大学学报（社会科学版）34（02）：24—34.

姚丽梅.2019."社会变迁中的饮食与养生——以广式老火汤为例".民俗研究 143（1）：146—157+161.

叶志如.1990."从人参专采专卖看清宫廷的特供保障".

故宫博物院院刊（01）：67—80.

易重华，王伟．2017．"特供制是苏共从亚健康走向衰亡的病灶"．学习月刊（07）：12—14.

余舜德．"夜市研究与台湾社会"．徐正光，林美容编．人类学在台湾的发展：经验研究篇．台北："中央"研究院民族学研究所，1999：89—126.

余松筠．2016．"分子料理在肉类烹饪中的应用研究——以低温慢煮技术为例"．肉类工业（08）：31—32+37.

翟淑平．"饭局：共餐的延续"．中央民族大学硕士论文，2012.

张宝昌．2011．"开启高级领导食品特供制度香山农场：为中央首长特供农产品"．文史参考（15）：40—42.

张静红．2016．"重构的'正宗性'：云南普洱茶跨时空的'风土'"．广西民族大学学报（哲学社会科学版）38（05）：22—33.

张润三．"从中法大学到焦作中学"．毛德富主编．百年记忆：河南文史资料大系（教育卷卷1）．郑州：中州古籍出版社，2014.

张文．2005．"地域偏见和族群歧视：中国古代瘴气与瘴病的文化学解读"．民族研究（3）：68—77.

张铮．云南奇趣录．香港：生活·读书·新知三联书店（香港）有限公司，1979.

张仲民．2014．"晚清上海药商的广告造假现象探析"．近代史研究所集刊（85）：189—247.

张宁．2011．"脑为一身之主：从'艾罗补脑汁'看近代中国身体观的变化".近代史研究所集刊（74）：1—40.

赵汀阳.天下的当代性——世界秩序的实践与想象 北京：中信出版社，2016

中共中央文献研究室.毛泽东文集（第7卷）.北京：人民出版社，1999.

中国民间文学集成全国编辑委员会，中国民间故事集成·吉林卷编辑委员会.中国民间故事集成·吉林卷.北京：中国文联出版公司，1992.

中国学前教育史编写组编.中国学前教育史资料选（全一册）.北京：人民教育出版社，1989.

周敏.唐人街——深具社会经济潜质的华人社区.北京：商务印书馆，1995.

周秋光.熊希龄：从国务总理到爱国慈善家.长沙：岳麓书社，1996.

周汝昌."红楼饮馔谈".范用编.文人饮食谭，北京：生活·读书·新知三联书店，2004.

朱振藩.2009."左宗棠鸡比人骄".历史月刊（256）：121—125.

庄孔韶.2000."北京'新疆街'食品文化的时空过程".社会学研究（06）：92—104.

庄祖宜.厨房里的人类学家.桂林：广西师范大学出版社，2018.